工廠叢書 119

售後服務規範工具書

任賢旺　黃憲仁　韋光正　編著

憲業企管顧問有限公司　發行

《售後服務規範工具書》

序　言

　　市場競爭日趨激烈，產品同質化日高，企業經營早已形成更高層次的服務競爭，「售後服務」將是成功或失敗的關鍵所在。製造業、買賣業、服務業都需要有良好的售後服務工作，**售後服務工作的好壞，不僅關係到企業聲譽、企業業績、產品形象，更關係到顧客對產品的信心以及日後是否繼續惠顧。**事實證明，良好的售後服務，是企業發展壯大的保證，而劣質的「售後服務」，則隨時會給企業帶來巨大的災難。

　　※　如何施展有規劃、有系統的售後服務工作……
　　※　如何消除客戶抱怨
　　※　無論是製造業或是買賣業，或是服務業均適用

　　本書是專門介紹如何執行售後服務工作而撰寫。「售後服務」是圍繞著產品（或服務）銷售而展開的配套工作，良好的售後服務，不只是公司的經營戰略、理念，更應落實在具體的操作措施，例如售後服務的規劃，售後服務工作流程，建立服務網點，產品的包裝、送貨，使用時的安裝調試，故障時的包修、包換、包退，後續的技術咨詢，抱怨的消除，日後的零配件支援，提升客戶滿意度…………等。

　　針對企業界的如何規劃、運作各種售後服務，本書是顧問師

輔導企業售後服務的心得，內容都是實務操作之具體內容，執行步驟齊全，適用性極廣，非常值得企業界製造業、買賣業、服務業參考運用。

2022 年 5 月

《售後服務規範工具書》

目　錄

第 1 章　售後服務的意義 / 10

做好售後服務是企業銷售的重要關鍵，也是整個商品交易過程的一個重要組成部份。良好的售後服務代表著商品的信譽，成為顧客取捨的重要因素。

第 2 章　售後服務部門的工作職責 / 30

售後服務部行使對產品的售後服務管理，並承擔任務。售後服務佔據著舉足輕重的作用，為了保證給顧客提供滿意的服務，首先必須明確售後維修部各階層員工的工作職責，還要落實售後維修的值班工作制度。

第 3 章　售後服務的工作規劃 / 61

顧客服務很重要，要想提高顧客服務的質量，需制定一種綜合戰略計劃，才能使這種願望變成現實。進行一項售後服務體系的設計，需要企業各部門的共同合作，包括客戶資訊回饋的流程管道、售後服務的具體流程及其改進實務、表單。

第 4 章　售後服務網點的架設管理 / 87

售後服務位置的選擇依據服務業類型而不同，重要的是要讓客戶方便、快速聯繫到。借助服務站的有形展示，企業服務站的地址環境和裝修，可體現公司的理念及人文氣息，並提升顧客滿意度，傳播企業的服務形象。

第 5 章　售後服務的送貨工作 / 97

企業為方便顧客購買笨重、體積大的商品，有必要提供送貨服務。為保證及時準確地將顧客購買的商品送到顧客手中，要制

定一套送貨服務的工作規範及標準，並規範好送貨員及安裝人員的服務流程及要求。

第 6 章　售後服務的安裝工作 / 115

安裝服務不僅能免除顧客自行安裝之勞，方便顧客使用，還可避免顧客因不熟悉商品性能和安裝方法而安裝不當造成的不良後果，有利於日後減輕企業在維修上的負擔。

第 7 章　售後服務的產品維修工作 / 129

企業要規範好售後服務工作流程及服務守則，相應制定出顧客送修故障品的接待流程及售後服務上門維修的管理辦法、工作重點。

第 8 章　售後服務的保養工作 ／ 144

設備的維護與保養，是產品售後服務工作的重點，在實際服務工作中，設備的維修、保養及更新都是按計劃進行的，因而正確地編制設備維修計劃，有利於設備的修理，並可合理提高修理品質。

第 9 章　售後服務的技術支援工作 ／ 164

為提高售後服務的品質，需制定一套完整的技術手冊。首先須對報修資訊進行分析和改善，確定好維修方案後，及時與客戶溝通確定維修時間，並根據實際情況提供最新的技術支援與技術培訓服務。

第 10 章　售後服務的客戶投訴處理工作 ／ 174

為求維護公司信譽，促進品質改善與售後服務，必須迅速處理客戶抱怨，針對「客戶抱怨」工作，必須設定各個相關部門的

處理職責。售後服務部門的一項重要職能就是進行補救。企業無法避免在為消費者服務過程中會出現過失，因此必須有售後服務補救系統。

第 11 章　售後服務的商品退換工作 ／ 198

正確處理售後商品的退換，有助於服務口碑的提高，取得消費者對企業的信任。首先要查明退貨的原因，並進行分析與制定防止對策，還應根據不同商品、不同條件，規範好商品退換的接待要求，制訂具體的商品退換貨準則、流程及處理辦法，以便分別作出正確地處理。

第 12 章　售後服務的人員培訓 ／ 212

售後服務人員的素質直接影響到企業形象，培訓售後服務人員是一項非常重要的任務，依據培訓對象選擇好培訓技術方法，對公司售後服務人員分等級培訓，並對培訓效果加以評估，以便

更好地為顧客服務。

第 13 章　售後服務的滿意度追蹤 / 233

讓顧客有完善的售後服務，企業需要發展與顧客的關係，顧客滿意度跟蹤包括成交後所發生的一切聯繫，它是一項營銷活動，更是企業瞭解市場、佔領市場所不可缺少的重要環節。

第 14 章　售後服務的改善技巧 / 249

企業瞭解顧客的期望要求，將這些有價值的資訊轉變為服務標準，以便按顧客的期望設計和管理機構的服務行為，使服務實績讓顧客滿意。在實施過程中，要建立回饋機制，以便及時發現問題，並加以修訂、完善。

第 15 章　售後服務的績效控制 / 273

售後服務需要控制服務環節，每一個售後服務網點在為顧客服務後，都要按照規定登記各種服務資料和數據，可根據服務工作的實際需要，制定出處理方法和模式。售後服務是顧客十分關心的問題，企業必須做好管理監督並建立考核制度。

第 16 章　附錄：售後服務管理辦法 / 289

第 *1* 章
售後服務的意義

做好售後服務是企業銷售的重要關鍵，也是整個商品交易過程的一個重要組成部份。良好的售後服務代表著商品的信譽，成為顧客取捨的重要因素。

第一節　售後服務的重要性

售後服務是指商品出售以後，商品進入消費領域，而經營者仍繼續向購買商品的顧客提供諸如送貨、安裝、保養、維修、產品機能更新、技術培訓、退換、更換零件等各項服務。

售後服務是銷售活動的重要組成部份。有遠見的企業，對於具有可延續銷售作用的商品的售後服務，是不會掉以輕心的。

企業向購買者提供售後服務，其目的是使消費者所購買的商品能充分發揮使用價值。

售後服務最主要的目的是維護商品的信譽。一項優良的商品，在銷售時總是強調售後服務的，售後服務也常是顧客取捨的重要因素。因此，商品的售後服務也就代表了商品的信譽。

尤其是對於耐用消費品的顧客，售後服務做得好的企業，一般

都會定期或不定期地對顧客進行訪問，並建立聯繫專卡，詳細記錄顧客購買的商品在使用中發生的問題，及時提供諮詢和維修服務，進一步樹立起消費者與商品企業之間的良好關係，建立起企業的信譽，並促使消費者穩定和連續地購買商品，進而通過消費者之間相互宣傳和影響，不斷擴大銷售。

一、售後服務的重要性

做好售後服務工作，是企業銷售工作的一個重要部份，也是整個商品交易過程的一個重要部份。重視售後服務，並且採取的服務方式靈活多樣，結果會招來大批「回頭客」。

優良的企業，既會強調商品的質量，也會強調良好的售後服務，令客戶安心購買。在激烈的商品銷售的競爭下，售後服務好壞常是顧客取捨的重要因素。在商品流通過程中，商品信譽總是依附於商品，並一起出售給消費者的。

隨著企業之間的競爭日益激烈，經營者逐漸認識到，在商品質量、價格基本相當的商場銷售中，誰為消費者服務得好，誰的商品就賣得快，賣得多，誰就能佔領較高的市場佔有率。因此必須做好各項售後服務，這是關係到企業生死存亡的大事。

二、售後服務的作用

在今天競爭日趨激烈的市場中，企業必須明白服務是以質為重，而不是以「量」取勝，因為或許可能只是百分之一的故障，但

對顧客來說卻可能是百分之百的災難；銷售前的恭維，不如銷售後的服務，這絕對是贏得永久顧客的法則。售後服務的作用如下：

1. 與顧客保持長久的良好關係

長久的業務關係實際上就是一種不斷交往的代名詞，而不間斷交往，正是促成顧客繼續購買企業產品，忠於企業的一個關鍵因素。長久的業務關係(不斷交往)是顧客瞭解企業的一個微型窗口，而顧客只有瞭解了企業，才可以真正地信任企業，信任又是留住老顧客的前提。

陽美公司是專為企業引進先進設備，有著一流的售後服務工作。在為企業引進設備的同時，常年為用戶服務，解除了企業的後顧之憂。陽美公司與法國、日本、美國、德國十幾個國家的 100 多家廠商簽訂了協定，在十幾個大中城市建立 103 個維修服務站、零件庫，服務遍及全國 36 個城市。公司把技術服務作為公司的重點工作，並提出了優質高效的原則。技術服務在他們看來不僅是簡單的維修，而是著眼於為用戶解決實際的難題，及時傳遞市場信息，當企業的參謀。多年來，陽美公司利用所掌握的知識技術，為用戶辦長短期培訓班，為用戶維修各類儀器近 25 萬台。公司一流的售後服務樹立了良好的企業形象，得到了顧客的廣泛支持和認同，而企業最終也從中獲得相當大的收益。

良好的售後服務在維持與顧客長久業務關係的同時，也達到了留住老顧客這一目的。

2. 促成顧客再次的購買行動

用什麼衡量某一顧客是否是我們的忠實顧客？最有說服力、最科學測評方法就是依顧客的再次購買行為而定。假如某一顧客長期

以來一直惠顧我們的公司，一直購買我們的產品，那麼我們可以自信地說，「這是我們的忠實顧客」。

如何使顧客長期不斷地惠顧我們的企業呢？售後服務在留住顧客的作用方面，不僅表現為可以博得顧客的信任或維持良好的長久的業務關係，而且可以直接激發顧客的再次購買行為。

顧客是非常看重售後服務的，特別是高價位物品的維修，他們常常把是否維修、維修服務是否週到等，提到與物美價廉同等、甚至更重要的地位加以考慮。

市場上琳琅滿目的消費品或生產設備，從說明書上看，它們的功能、精緻程度都很好，而且都有信譽，值得信任。但是，一個保修，一個免費幾年保修或「終身保修」，那麼用戶會買那一種產品呢？當然是買後者，儘管價格會稍微高一點。價值上十萬、上百萬的生產設備更是如此。「花得起錢買設備，卻花不起錢維修」是常見的現象，這種現象就促使用戶購買產品時，把週到的無償維修或收費不高的有償維修提高到決定是否購買的首要地位。試想一下，用戶購置了數十萬、上百萬的生產設備，不能安裝或者安裝出了故障，不能運轉或者運轉出了問題，而不能維修或不及時維修，使價格甚高的設備閒置，使自身蒙受極大的損失。

消費品也是一樣，就說「以舊換新」的策略吧。某廠在以舊換新的戰略措施下收購了本廠以前出產的單桶洗衣機。本來那些洗衣機的用戶想更新換代，購置全自動洗衣機，但因為舊洗衣機還可使用，買新的要另外多掏錢，再說舊的沒處放，丟了又可惜，經過考慮，就會放棄購買全自動洗衣機的想法，而廠家實行「以舊換新」的辦法，上述用戶的顧慮就不存在了，他們都痛痛快快的買了新的

洗衣機，這樣不知不覺再次成為這個廠的顧客。

從另一方面來說，顧客購買到稱心如意的全自動洗衣機，舊的洗衣機算折扣價，對用戶是有利的。顧客自然會認識到這一點，在滿意的同時也會更加忠實於這個公司。

售後服務對於留住老顧客的重要意義了，企業在研究如何贏得顧客佔領市場時，應當在售後服務方面多下點功夫，它無疑是一條值得關注的途徑。

3.博得顧客的信任

假如一個企業不能得到顧客的信任，就會導致企業與顧客關係惡化，最終不斷地失去顧客。在這種情況下，根本談不上留住老顧客。而與此相反，企業若能取得顧客的信任，那麼，留住老顧客的願望也必將輕鬆實現。良好的售後服務，正是取得顧客信任的重要途徑。

買的放心，是每一位顧客的願望，企業也會因此博得客戶的信任。

售後服務既是銷售的手段，又起著「無聲」的宣傳作用。而這種無聲宣傳所達到的境界，比那些大肆渲染的有聲宣傳效果好得多，它是顧客最信賴的廣告。

4.增加產品的價值

一個完整的產品概念，是由核心產品、形式產品和附加產品三部份構成，其中附加產品包括有服務、榮譽等，在核心產品和形式產品差別很小的情況下，服務往往成為營銷取勝的關鍵。

例如：率先強調「微笑服務」的企業，超越了競爭對手，獲得了效益上的豐收。顧客在購買產品時得到了「微笑」，享受到了作為

「上帝」的被尊重的感覺，這就是附加值。

5. 服務是樹立品牌最好的溝通方式

企業所做的每一件事，無不透露著企業的文化及品牌內涵。作為貫穿銷售過程的服務環節，服務不僅僅是解決指導、安裝、維修等具體工作，這是直接和消費者面對面進行溝通的最好機會，這種溝通效果，任何廣告都無法達到。

6. 服務帶來滿意

服務的增值，很大程度上取決於顧客滿意度的提高。「服務第一！服務至上！」，在一切以消費者為導向的時代，這不應該僅僅是一句簡單的口號，應該是企業營銷行為的指南。只有真正把消費者的利益放在首位，扎扎實實做好服務工作，企業才能成為最大的贏家。

第二節　企業的售後服務理念

1. 服務理念的含義

服務理念(Service Vision/Service Mind)，是指企業用語言文字在機構內外公開傳播的、一貫的、獨特的和顧客導向的服務主張、服務理念和服務意識。

例如西南航空公司的「短途、低成本」、「幽默和歡樂」這兩條服務主張，就是比較典型的服務理念。這兩條服務主張是向員工和顧客公開傳播的；這兩條服務主張是一貫堅持的；這兩條服務主張在航空業中明顯地具有獨特性；這兩條服務主張又都是顧客導向的。

2. 服務理念的種類

服務理念的可由以下各部份組成：服務宗旨、服務使命、服務目標、服務政策、服務原則和服務精神等。以銀行業的服務理念為例加以說明。

⑴宗旨(Purpose)，指一家企業服務的根本目的或意圖。

例如美國所羅門兄弟公司，作為世界上最大的投資銀行之一，它的宗旨是：「為客戶創造價值」。

⑵使命(Mission)，指一家企業在社會化服務分工中所擔當的任務和責任。銀行業普遍印發銀行「使命書」或「任務書」(Mission Satement)。

例如美國賓夕法尼亞儲蓄信託公司的使命書：「本公司的使命是：一，辦成一流的金融機構；二，創造和提供高品質金融產品和

服務，以體現本公司對客戶的價值；三，形成一個鼓勵先進、富有朝氣的工作環境。」又如，美國花旗銀行的使命是成為「金融潮流的創造者」。

⑶目標(Goal)，指一家企業的服務運行和發展預期達到的境地或標準。

例如交通銀行的理念「一流的服務品質、一流的工作效率、一流的銀行信譽」，是目標理念。這裏，預先確定了交通銀行在服務品質、工作效率和信譽方面應達到的標準，即「一流」標準。

⑷政策(Policy)，指一家企業或公司在處理服務關係或配置服務資源時所提出的有重點、有傾向性的觀點及實施方案。

例如銀行提出「本行主要為中小型、科技型、外向型企業服務」，這就是政策理念。

⑸原則(Principle)，指一家企業在其行為中恪守的準則或堅持的道理。

例如日本三菱銀行有「三菱家訓」，像「大膽創業，謹慎守成」；「絕對不得經營投機事業」；「任何時候，均應保持至誠服務的意念」；等等。這些「家訓」就是該行辦事的原則。

⑹精神(Spirit)，就是一家企業較深刻的理想追求。

例如商業儲蓄銀行在創辦時提出的銀行精神是「服務社會，以服務為主旨，在為社會服務中取得應有的利益」，以及作為行訓的「六精神」：一是不辭煩碎；二是不避勞苦；三是不圖厚利；四是從小處做起；五是時時想新辦法。

3. 服務理念的傳播方式

服務理念在機構內外傳播的方式主要有標語、口號、廣告、公

關宣傳、公司手冊等。

⑴標語、口號的優點是：簡潔、醒目、有恆久感、鼓動性和警示性。

⑵廣告的優點是：生動性、感染力、顯示獨特性、傳播面廣。

⑶公關宣傳的優點是：提升理念的層次、理念的社會影響。

⑷公司手冊的優點是：顯示理念的規範性、灌輸性。

⑸領導人言行的優點是：理念的人格化、榜樣化。

在宣導服務理念的過程中，優秀的經營者或領導人都高度重視身體力行和用自己的言行來感染和帶動全體員工。例如作為美國西南航空公司 CEO 赫伯‧凱萊赫(Herb Kelleher)重視「現場領導」，重視自己在服務第一線的榜樣作用。他經常身體力行，深入服務現場開展指導，與員工打成一片，用自己的榜樣影響員工，使他們接受他的服務理念。

奧地利著名的馬里奧特飯店的小馬里奧特(Bill Marriott，Jr.)也是這樣的領導人。馬里奧特主要的服務理念是「代表顧客」。在宣導和繼承這條服務理念的過程中，小馬里奧特常年深入基層飯店，親自考察一線服務的情況。他每年要親自考察 80%的基層飯店，每星期要親口品嘗基層飯店的餐飲 5 次。他用自己的行動傳播著「代表顧客」的服務理念。

第三節　制訂售後服務計劃

很多公司都知道顧客服務很重要，並且真正想提高為顧客服務的質量。很多人都沒有意識到這樣做需要制定一種綜合戰略計劃，能使這種願望一天一天地變成現實。當戰略完成後，明確到何處去、怎樣到達那裏，努力就沒有白付出。所以，如何制定售後服務的詳細計劃，就顯得尤為緊迫，勢在必行了。

一、組建管理工作小組

把一個戰略集中在一起的重要一步，就是把由關鍵的組員組成的小組集合在一起。這些組員將負責撰寫戰略計劃，而後確保計劃在公司全面貫徹。

二、挑選合適的管理組成員

此步驟影響到整個公司所有的領域，包括財務部門、生產部門和資訊服務部門，他們都將在管理組中有一席之地。在大部份公司，總經理們竭力將他們在管理組中有關改善服務的職責，委任給公司內的中層管理人員。但是這種做法推行起來比較困難，原因是儘管這些中層管理人員大都是善意的、有才華和有能力的人才，但是他們沒有政治權力或權威來貫徹執行制定的計劃。這種決策結構，暗

中破壞了執行的進程，也挫傷了經理們的士氣。經理們想出良策，並對其產生改變的可能性顯得很激動。當經理們發現恰恰是自己委派在管理組裏的高層官員給自己完成工作設置了障礙時，便覺得很失望。正由於這個原因，公司內部高層行政官員，應當是充當這一工作的先鋒並擁有管理組裏重要職位的人員。

如果執行人是公司的所有者或是組織的首腦，應該表現出對服務質量真誠的承諾，把它作為管理組優先考慮的事，並在每次會議上對這項工作表現出熱情。這種自上而下的承諾，比其他任何方式更鼓舞公司裏的其他人員加入到服務行列。

三、成立規模適度的管理組

經營生意，管理組可由老闆或總經理和公司的兩三個高層人員組成。假如是一個大公司，管理組就需要包括公司內各部門的高層重要人員。

如果當管理組中人數太多，會使會議安排成為累贅。為使小組盡可能高效率和有創造性，管理組中不要超過 8 個人。即使這樣，在管理工作中也同樣存在著相互推諉的現象。因此，我們說管理組成功的惟一因素是協調一致。要達到這一目的，管理組應每四到六週保證 2～4 小時的開會時間。每個成員都必須優先考慮屆時參加會議。在開始時，大多數成員都很興奮。然而隨著時間的推移，成員的工作積極性會降低。

重要成員缺席會議將使局面難以控制，因為任何重大的決定都將影響整個公司。為了保證管理組成員全部出席，就應在第一次開

會時，定好後面的 6 次會議時間。這樣做能使所有管理組成員提前安排好時間表，使計劃如期進行。

四、制訂服務任務細則

一份任務細則要強調服務質量的重要性，說明公司基本的承諾。細則可包括：明確公司的行業；服務的市場類型；就顧客和職員而言，必須堅持的原則及信念。只有將一般的任務細則轉換成一項詳細的戰略和一系列的戰術，公司如何經營才能成為日常的現實。既然服務任務有如此性質作用和分類，就應該作好服務任務的相關細則。

1. 瞭解目標顧客

確定公司的目標顧客，將公司的一般服務顧客、增值顧客的價值劃分清楚。分別瞭解不同價值顧客的期望要求，例如，他們需要那種程度的服務、在什麼時間和什麼地點接受服務、以什麼樣的方式服務。瞭解顧客對服務結果的看法。

2. 界定服務類型

明確和劃分服務類型：具體服務和特色服務。將企業提供的服務和顧客要求的服務歸結到這兩種不同的服務類型中去，規定不同的服務水準和收費標準。

3. 設計服務的操作標準

設計售後服務流程，尋找關鍵步驟，並使之標準化和規範化。對每一流程進行高效的設計，運用可觀測的指標來衡量流程是否順暢，系統是否靈活有彈性，內部和外部資訊是否能夠很好地溝通，

組織和監管是否協調。

4.尋找關鍵問題所在

要在活動掛圖上寫好幾項有針對性的評論，把它們貼在牆上，讓每個人都能看見。接下來，整個小組一起檢查寫在掛圖上的所有評論，提出有重要價值的詞語和觀點來尋找共同的思路。

5.按照關鍵問題撰寫細則

在列出了重要的主題後，再將其改為細則，表明公司對服務質量的承諾。根據所列主題，讓每個成員寫出自己的任務細則樣本。15 分鐘後，讓每個成員依次朗讀自己寫的任務細則。同時，選出會議主持人，在另一張掛圖上寫下任務細則。

管理組接下來的任務是討論各自的觀點，從中挑出最好的，同時仔細討論不同的意見，通過討論形成大家都同意的任務細則。如有個開頭句，任務細則就容易寫多了。我們同委託人常用的語句包括：某某公司的目標是……；某某公司的任務是……等等。

6.關注企業與員工的承諾

任務細則分兩部份：一是公司對顧客的承諾，二是企業對職員的承諾。

細則的最後一部份重覆前面三步，但焦點變成了職員。例如，設想你聽到幾個職員在談論你的公司，你想聽到他們講些什麼？在掛圖上列出評論表，重覆前面相同的步驟。

一旦上述工作完成，這兩部份連在一起就成了公司的任務細則。

第四節　3C 產品的售後服務管理辦法

一、目的

規範本品牌手機的銷售和售後服務的管理，將手機的銷售、售後服務納入正常的軌道。

二、銷售手機時的注意事項

1. 當面向用戶交驗手機，並核對機身串號和保修卡是否一致；

2. 詳細填寫三包卡，並加蓋經營服務部公章；

3. 告知用戶應妥善保管好三包卡和手機發票（或租機協議），這將作為手機售後服務的依據。

4. 介紹手機的售後服務政策和特約維修點。

三、換新機

1. 換新機條件

⑴購機 15 日內出現《移動電話機商品性能故障表》所列故障；有特約維修點開具的已註明符合換機條件的《檢測單》；可以提供租機協議複印件或購機發票複印件；可以提供手機保修卡原件；要求用戶提供身份證複印件。

⑵對於在三包有效期內，經兩次修理，仍不能正常使用的，能夠提供特約維修點出具的兩次維修記錄和第三次檢測記錄的情況。

2.換機方式：給予用戶更換同一型號的手機主機。

3.對於開箱時發現手機已損壞的情況，經營服務部必須儘早出具有開箱時間、地點和手機損壞情況等資訊的證明並加蓋公章，和手機同時送修。

4.注意：已保修過的手機不能給予更換新機（由手機上貼示的標籤可以判斷手機是否已保修過），檢測單上已註明有人為故障的手機、註明須報價維修的，註明不符合換機，或無註明可以換機的手機都不能給予更換，否則將追究受理人的責任。

5.如果受理人員不按照以上規定操作，各經營服務部倉管有權拒絕提供新機給予用戶更換。

6.對於有較嚴重質量問題的手機應儘量與用戶協調，通過「以舊換舊」的售後政策給予用戶更換質量較穩定的備用機解決問題；對於 1928/1898 手機出現的打不進打不出的質量問題的情況，應與CDMA 各區域負責人協調後給予用戶相應的處理。

7.有特殊情況確實需要給予不符合換機條件的用戶更換新機（包括同一型號或不同型號手機的），請將用戶的詳細情況（開戶時間、使用手機型號、使用套餐、每月實際消費情況、信用度等）和計劃處理方式填寫於《特殊處理表》報到移動部和計劃財務部，經核准後才能給予特殊處理。

8.符合換機條件的故障機的送修

⑴所有型號的手機由各經營服務部負責送修，更換新機；

⑵送修流程：

①經營服務部售後服務人員從經營服務部倉庫領出新機，將主機給予用戶更換。

②將故障主機和包裝盒、配件成套放置，寄存到經營服務部倉庫。

③將故障主機連同其他送修的手機一起送至特約維修點處理，同時妥善保管好包裝盒和手機配件。

④主機由特約維修點處更換回來後，將新主機的標籤貼好在包裝盒上，並將整套手機還原成新機狀態。

⑤將新機退回給經營服務部倉庫。

四、保修手機

1. 保修手機條件

顯示幕、手機外觀無損壞、無摔傷痕、無碰傷痕，沒有進水痕跡、防拆貼紙沒有破損，可以提供可證明手機是處於在一年保修期內的 CDMA 手機，若出現《移動電話機商品性能故障表》所列性能故障，給予客戶免費維修手機。

2. 受理保修手機時的注意事項

⑴由於部份型號的手機已上市快一年，現各特約維修點要求所有送修手機和手機配件都必須提供用戶的資訊，所以在受理故障機和故障配件時應要求用戶提供以下資料：

①租機協議複印件或購機發票複印件；

②填寫完整並加蓋銷售點公章的手機保修卡。

對於前期銷售時沒有為用戶填寫保修卡的，按用戶的租機協議

或其他可以證明手機的銷售日期的相關資料給予用戶補充填寫保修卡，以保證用戶可以享受一年的保修期。

⑵根據維修需要時間向用戶承諾一到三天內歸還故障機，並與用戶約定時間取回，若在約定時間不能將故障機歸還，向用戶提供備用機，故障機維修好後要及時通知用戶領取並收回備用機。

五、非保修手機

1. 非保修範圍

下列情況之一的手機，不屬於保修範圍，要送到維修點報價維修：

⑴超過保修期限的；

⑵維修三包憑證上的內容與商品實物標識不符或者塗改的；

⑶人為原因造成的損壞（天線、鏡片、外殼、翻蓋、液晶屏、進液等）；

⑷未按產品使用說明書要求使用、維護、保養而造成損壞的；

⑸非授權維修單位或人員拆卸過或維修過的；

⑹因不可抗力造成損壞的（如雷擊、火災、水災等）。

2. 受理非保修手機的注意事項

⑴將故障機送到維修點報價維修，將維修費用告知用戶，若用戶同意付費維修的，則及時通知將款項彙至廠家維修；若用戶不同意付費維修，則收回備用機，將原機和押金歸還用戶。

⑵修復的手機交還用戶時，若維修費用高於押金，則向用戶收取相應差額；若維修費用低於押金，則將差額歸還用戶。請用戶當

面試機驗證並在原受理表上簽收，同時收回備用機。

⑶根據手機的人為損壞情況要求用戶交一定金額的押金作為保障，簽訂《備用機出借協議》後借出備用機，借出與用戶手機同種型號或低一檔次或同一檔次的備用機。

六、故障手機的送修

1. 本地有特約維修點和售後服務點的故障手機

⑴各經營服務部將故障手機送修時必須如實填寫好《故障手機送修表》，送修表一式兩份，一份給特約維修點，另外一份要求特約維修點簽收並蓋章後留存；

⑵送修時只送修有故障的零件，如機頭有故障，只送修機頭，充電器有故障，只送修充電器，其他無故障的附件不需要一起送修。

⑶當業務區幫助用戶將故障機送修時，根據維修需要時間向用戶承諾一到三天內歸還故障機，並與用戶約定時間取回，若在約定時間不能將故障機歸還，才向用戶提供備用機，故障機維修好後要及時通知用戶領取並收回備用機。

2. 本地無特約維修點的手機的送修

為減少中間環節，縮短資訊和故障機在途中耽誤的時間，由經營服務部售後服務人員負責郵寄送修，請注意以下幾點：

⑴送修前整理好故障手機的相關資料填寫好《故障手機送修表》，複印一份留存；

⑵採用 EMS 郵寄方式，通知 EMS 工作人員上門收取；

⑶在大約寄到的時間，電話詢問特約維修點是否收到故障機，

並要求在送修表格上簽收並回傳;

⑷若手機需要報價,及時通知用戶,收取相應款項寄至特約維修點;

⑸手機返回後及時做好相關記錄,通知用戶取回手機,同時收回備用機。

3.定期和特約維修點/售後服務點核對

定期和特約維修服務點核對送修的故障機數量、型號,從特約維修點取回送修手機時,應當場檢查手機的故障是否已經排除,並要求特約維修點提供手機維修記錄,或要求其在服務憑證上註明維修情況。

七、手機售後服務點和手機特約維修點

1.根據維修三包政策「誰銷售誰負責」的原則,我公司各營業廳及各代辦點都有責任受理和負責送修用戶的故障手機。

2.「登錄」活動由供應給各經營服務部的手機,其售後服務由各型號手機的相應供應商負責。

3. 2021年12月1日在各代辦點開戶的手機由開戶的代辦點及供應手機的供應商負責此類手機的售後服務。

4.目前我公司銷售的各型號手機的特約維修點及售後服務點詳見《各型號手機售後維修點/售後服務點》。本品牌的所有型號手機都可以送到佳訊售後服務中心,由其負責發至上一級特約維修點或廠家的客戶服務中心。

5.特約維修點是由廠家直接授權的修理者,我公司有權對其工

作進行監督，各售後服務負責人必須監督及促進特約維修點的售後服務工作，每週填寫好《特約維修點/售後服務點售後服務情況評估表》將相關情況反映到移動部，對於臨時發現的售後服務問題可通過電話、傳真或 E-mail 的形式向移動部反饋，移動負責部協調促進並匯總反映到各特約維修點及廠家，以加強溝通並促使其改進售後服務的進度和質量。

八、定期上報手機銷售情況及售後政策執行情況

為加強對手機的管理，現請各經營服務部安排專人協助倉管統計好以下報表，定期準時準確報到移動部。

1.《手機終端情況統計週報表（產權公司所有）》、《手機終端情況統計週報表（產權非公司所有）》：統計上週一至週日新機的銷售、庫存、換機、備用機的銷售、出借、回收情況以及故障機的相關情況，每週一上報。

2.《特殊換機統計表》、《「以舊換舊」手機統計表》：將給予用戶更換手機的詳細情況匯總，填寫好表格，每月 8 日前上報上月的情況。本規範從 2021 年 4 月 15 日起正式執行。

第 *2* 章
售後服務部門的工作職責

售後服務部行使對產品的售後服務管理，並承擔任務。售後服務佔據著舉足輕重的作用，為了保證給顧客提供滿意的服務，首先必須明確售後維修部各階層員工的工作職責，還要落實售後維修的值班工作制度。

第一節 售後服務的組織架構模式

售後服務部是企業在產品出售後處理售後服務的部門，常見於汽車、家電等行業、網購業、超市一般也設置了售後服務部。由於市場的激烈競爭，依靠成本與品牌的競爭顯然已不能佔據有利地位，特別是售後服務方面的競爭也顯得非常重要。設置專門的售後服務部專門管理售後服務事務，對於現代企業組織建設來說是比較盛行的。

一、售後服務部的設置依據

不同的行業及不同規模的企業，售後服務部的設置有一定差

異，但無論那種形式的售後服務部，在其設置時均應考慮以下幾個方面的因素。

表 2-1-1　售後服務部的設置依據

設置依據	具體內容
售後服務部在企業的地位	(1)售後服務部是客戶信息的回饋的彙集點，每天要面對大量的客戶，要處理客戶的各種不能解決的問題；在企業內部，售後服務部與銷售部的接觸最多，與其他部門也存在廣泛交流，在解決部門工作內的事務時，往往需要各部門的協助，特別是生產、品質、技術等部門。如何建立一個能與其他部門交流方便的售後服務部，企業在組織建設方面必須重視。
	(2)由於售後服務面對的客戶多，問題也多，因此工作的內容多、業務廣，在企業中處於比較重要的地位。它直接影響著決策正確性及決策貫徹程度，因此，售後服務部的人員知識與技能必須多樣化。
企業的經營方式決定了行政部門設置形式	(1)企業的規模和市場目標決定了企業的經營方式和服務等級，也決定了對從業人員的素質和技能要求。
	(2)大中型企業市場業務比較廣，往往在維護自身品牌與自身服務上要力求保持處於領先，這樣的企業一般都設有獨立的售後服務部。
	(3)小型企業市場業務範圍小，客戶群體小，一般不設立單獨的售後服務部，售後服務工作只作為某個崗位的一項職能，往往是靠銷售部來主導處理客服信息，其他部門協助。

二、售後服務部的設置原則

售後服務部的設計是以企業銷售為核心的整體設計工作，其主要目的就是要有益於企業產品銷售，以贏得客戶為目的，在設置時應遵循以下原則：

表 2-1-2　售後服務部的設置原則

職權明確層次分明	(1)遵循職權明確、層次分明的原則，確定每一層次人員的崗位職責。 (2)授予完成這一職責的管理權限。 (3)根據各個工作環節的關係，確定每個層次的人員配置，做到少而精，避免人浮於事、因人設崗。 (4)每個人員的分工要清楚，做到任何情況下都能按分工標準找到經辦的人員
管理幅度合理，統一指揮	(1)設置售後服務部時要考慮管理幅度，即一名管理者及督導能管理的合適人數。管理幅度與企業產品所涉及的區域有關，如在這個或某一區域產品比較集中，人員分配就應該多。 (2)如果管理幅度設計不合理，將會出現管理的空白點或越權管理的現象。 (3)管理幅度適宜可以避免多頭領導，不至於讓下屬無所適從
信　息　暢通，提高工作效率	售後服務部的設置必須做到各項信息準確、及時地流通，這對提高管理效率與建設銷售網路贏得客戶有十分重要的作用。對於售後服務部而言，要建立一個健全的信息回饋系統，能夠以最快的速度出現在客戶面前，解決客戶的問題；同時又能夠以最快的速度回饋到生產現場，以幫助企業改進品質

三、售後服務部門的組織結構

由於企業所屬行業和規模不同，企業售後服務組織的結構也不盡相同。企業常見的幾種售後服務部設置模式列舉如下：

1. 小型的生產銷售型企業，售後服務部設置模式

圖 2-1-1　小型生產銷售型企業售後服務部組織結構圖

2. 中型的生產銷售型企業，售後服務部設置模式

圖 2-1-2　小型生產銷售型企業售後服務部組織結構圖

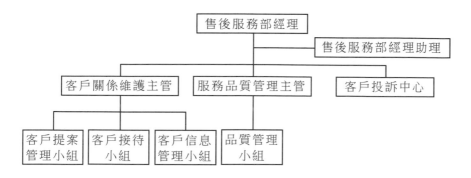

3. 大型的生產銷售型企業，售後服務部設置模式

圖 2-1-3　小型生產銷售型企業售後服務部組織結構圖

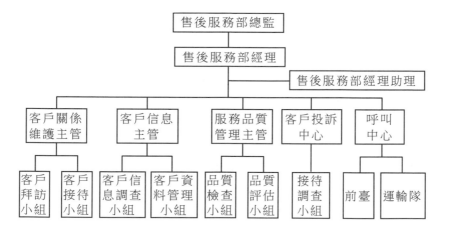

四、售後服務部門的工作職責

售後服務部行使對產品的售後服務管理，並承擔執行營銷部下達的售後服務任務。其主要職能表現在：

1. 負責公司產品的售後服務工作。

2. 嚴格服從營銷部的統一指揮，執行其工作指令，一切行為對其負責。

3. 嚴格遵守公司的各項管理制度，認真行使公司給予的管理權利，杜絕一切越權事件的發生。

4. 負責公司產品維修過程的管理工作。

5. 負責制訂本科的工作計劃和目標。

6. 負責對顧客上門訪問和信訪工作。

7. 負責對顧客投訴接待工作及投訴事件的處理工作。

8. 負責對顧客檔案資料的管理工作。

9. 負責安排人員上門維修服務，並做好工作完成的記錄。

10. 協助做好對維修人員進行職業道德教育。

11. 負責維修人員的業務培訓工作。

12. 負責維修工具材料的登記管理。

13. 負責對維修工具材料領用手續辦理工作。

14. 負責對維修人員業績考評、評價和工作考核。

15. 填報材料。

16. 定期對維修用材料和工具進行核對。

17. 完成臨時交辦的其他工作

五、售後服務部門經理崗位的工作內容

(1)工作內容

①負責管理售後服務各服務項目的運作；

②負責對客戶服務、售後服務人員進行培訓、激勵、評價和考核；

③負責對企業的客戶資源進行統計分析；

④負責按照分級管理規定定期對所服務的客戶進行訪問；

⑤負責按售後服務部的有關要求對所服務的客戶進行客戶關係維護；

⑥負責對客戶關於產品或服務品質投訴與意見處理結果的回饋；

⑦負責大客戶的接待管理工作，維護與大客戶長期溝通和合作關係；

⑧負責創造企業間高層主管交流的機會。

(2)權力範圍

①對售後服務系統開發或建設項目的否決權；

②對企業售後服務系統工作有統一指導、協調和調配權；

③對售後服務下屬部門工作有指導權、考核權、獎懲權、任免建議權；

④對售後服務經費進行預算及其控制權。

🔊))) 第二節　售後服務體系設計的工作分析

一、售後服務體系的調查

(一) 現行售後服務體系調查表

1. 調查目的。調查公司售後服務體系的現行狀況、顧客的需要及期望、競爭對手所提供的售後服務水準。

2. 確定目標人群。外部客戶(消費者、最終使用者、經銷商、服務提供商)、內部客戶(人事、採購、開發、製造、行銷、財務、質管、服務部等)和競爭對手(直接競爭對手和間接競爭對手)

3. 確定調查方式：調查問卷、訪談等。

4. 調查數據統計分析。

(1)分別從客戶角度和經銷商角度分析各自所需服務的類型、標準等。

(2)與主要的競爭對手比較售後服務的品質和客戶滿意度。

(3)綜合調查結果，得出結論。

(二) 制定售後服務策略

1. 確定制定策略的依據：

(1)企業的品牌策略(即想確立的品牌形象及確立的方法)；

(2)公司目標市場及某細市場上顧客的要求；

(3)公司在某細分市場(地區或人口統計顧客群)上的品牌策略；

(4)競爭品牌在這個細分市場上已經或將要採取的品牌策略；

(5)企業可獲得的資源。

2. 確定制定策略的程序：

(1)用問卷、重點小組的形式調查公司整體目標市場上顧客對服務的要求和期望；

(2)制定公司的戰略規劃和整體品牌策略。服務策略是品牌策略的一部份，必須服從整體品牌策略；

(3)調查競爭對手的服務策略和服務體系；

(4)制定公司整體服務形象目標及策略；

(5)調查公司內部現有的及可獲得的資源；

(6)制定從階段向制定的整體服務目標形象過渡的計劃；

(7)根據競爭情況和公司資源把地區分為 A，B，C 三級。根據整體形象和策略調查、制定該細分市場的服務形象和策略。

3. 策略制定：

(1)客戶服務部經理組織人員制定整體服務策略；

(2)各分公司經理制定地區策略。

4. 策略評估：整體服務策略由客戶滿意委員會評審。

（三）售後服務系統規劃

1. 設計售後服務系統的組織架構、業務流程、行為標準(服務守則)和資源配置(資金、技術及服務工具)。

2. 鋪設服務網路，構建服務提供的層次。

（四）售後服務人力資源規劃

1. 明確售後服務系統內各崗位的崗位職責。

2. 招募、培訓、激勵和考核售後服務人員。

圖 2-2-1 企業售後服務部的工作流程

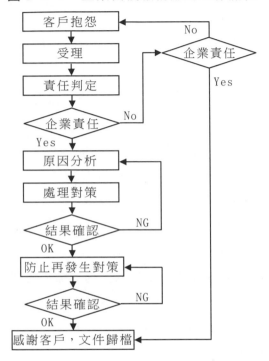

二、售後服務管理規劃

1. 售后服務方案編制流程

圖 2-2-2　售後服務方案編制流程圖

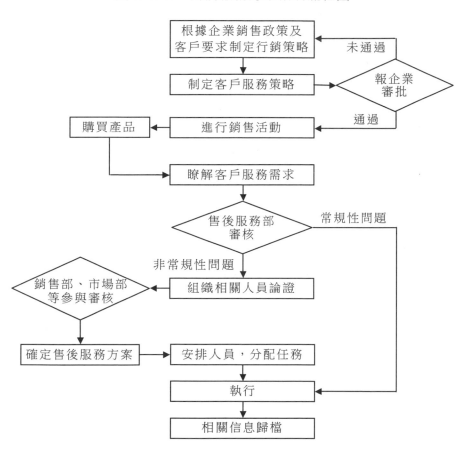

2. 售后服務計劃流程

圖 2-2-3　售後服務計劃流程圖

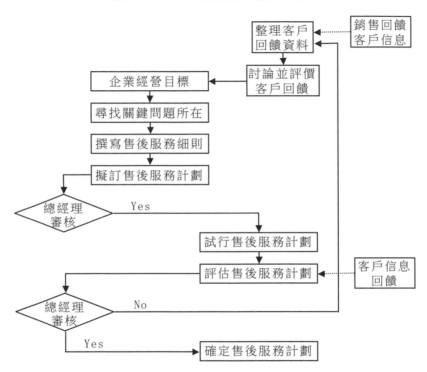

3. 售後服務實施流程

圖 2-2-4　售後服務實施流程圖

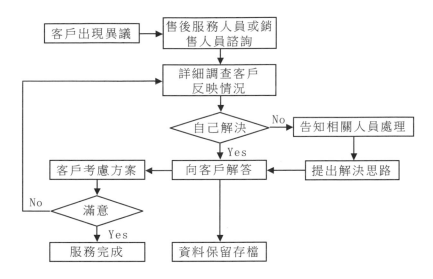

4. 售後服務的工作流程

圖 2-2-5　售後服務業務流程圖

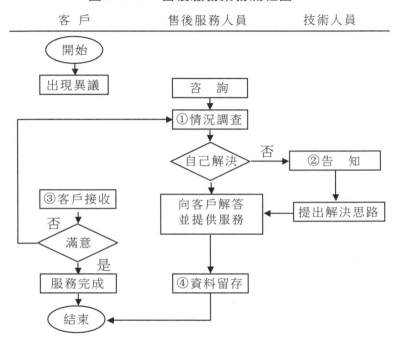

第三節　售後服務的各種業務流程

一、售後配送服務流程圖

圖 2-3-1　售後配送服務圖

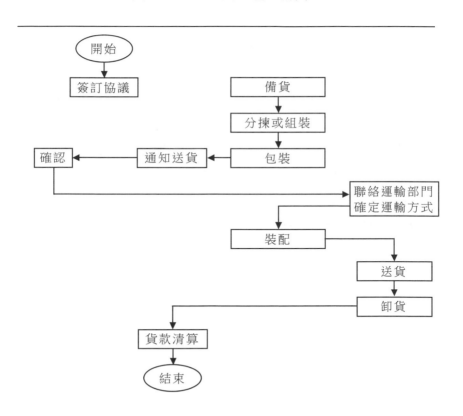

(1)備貨

按照銷售部提供的銷售協定或訂單內容,準備產品配件或成品。

(2)分揀或組裝

按照銷售協定或訂單要求,揀出需要使用的產品、配件進行組裝,並通過品質檢查。

(3)包裝

根據產品包裝要求,選擇適當的包裝材料、包裝方式。

(4)通知送貨

與客戶聯絡,確定送貨時間和地點,獲得客戶確認。

(5)裝配

根據客戶集中度和送貨距離,合理利用,降低運輸成本。

(6)送貨卸貨

按照雙方約定的地點和時間,安全、準時地將產品運抵客戶處,相關人員安全卸貨。

(7)貨款結算

按照約定的價格結清產品貨款。

二、售後安裝服務流程

圖 2-3-2　售後安裝服務流程圖

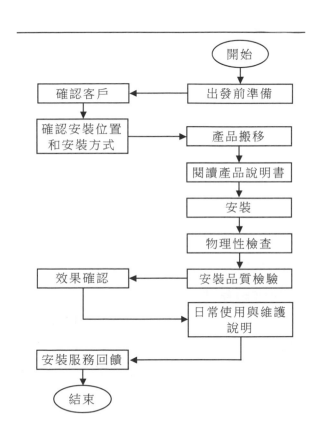

(1)出發前準備

穿著統一的標誌性服裝，佩戴工作牌，備足安裝需要使用的工具。

(2)確認客戶

到達客戶處，確認客戶身份。

(3)確認安裝細節

由客戶確定安裝位置和安裝方式，技術人員可根據實際情況提供建議。

(4)產品搬移

根據客戶要求，將產品搬至客戶指定的安裝、放置位置。

(5)安裝

參照安裝說明和客戶要求，安裝產品。

(6)檢查

安裝完畢，先檢查產品安裝的物理性效果，如，牢固性、傾斜度，再進行產品運轉試驗，檢查產品的運轉情況。

(7)日常使用維護說明

說明產品使用基本注意事項、維護保養方法和週期等。

(8)服務評價

通過回訪，請客戶評價負責產品安裝的技術人員的服務品質和產品品質。

三、售後維修保養服務流程

圖 2-3-3　售後維修保養服務流程圖

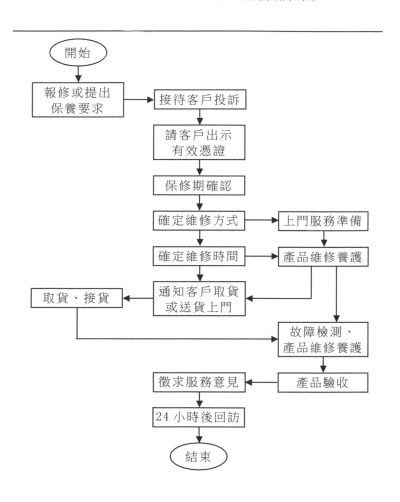

(1)接待客戶投訴

禮貌接待客戶關於產品維修養護方面的投訴，瞭解基本情況，並做詳細記錄。

(2)保修期確認

請客戶出示相關的有效憑證，例如發票、保修卡等，確認產品是否在保修期內，若在保修期內，提供免費服務，若超過保修期，應向客戶說明維修、養護的費用標準。

(3)確定維修方式

若產品體積較小，一般請客戶攜帶產品至客戶服務中心或維修站點；若產品體積較大，攜帶不便，應派工程技術人員提供上門服務。

(4)故障檢測

根據相關指標，檢驗產品故障位置和屬性。

(5)產品維修養護

客戶攜帶維修的產品，應確定維修時間，及時組織維修，保證在約定的時間內完成修理工作；提供上門服務的產品，選派工程技術人員準時上門維修保養。

(6)產品驗收

產品維修養護完畢，請客戶檢驗維修養護品質。

(7)徵求服務意見

針對維修養護服務提供情況，向客戶徵求意見，作為評價服務品質的依據。

四、售後客戶跟蹤服務流程

圖 2-3-4　售後客戶跟蹤服務流程圖

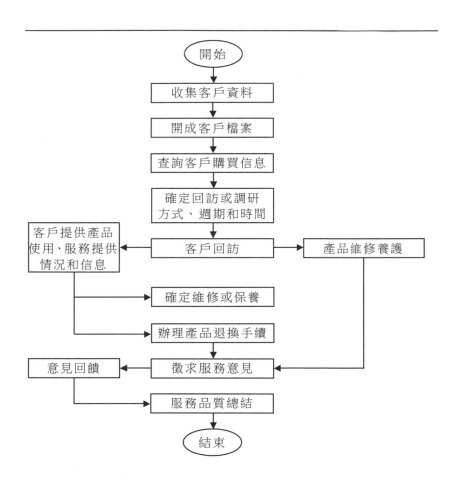

(1)形成客戶檔案

詳細收集客戶的交易資料，形成客戶檔案備用。

(2)確定回訪或調研方式、週期和時間

根據客戶購買產品的情況和客戶回訪規範，確定客戶回訪或調研方式、週期和時間，並組織實施。

(3)客戶回訪

按照既定的方案實施回訪計劃，瞭解產品使用情況和服務提供品質。

(4)客戶意見處理

根據客戶回饋意見和產品存在問題，決定處理方法，例如，維修保養、退貨、換貨。

(5)徵求服務意見

針對客戶回訪中出現的問題以及問題解決情況，進行再次調研，徵求客戶對公司處理問題的意見。

(6)服務品質總結

根據實際的服務提供情況和客戶意見，對售後服務品質進行總結，並提出改進方法。

五、售後產品退換服務流程

圖 2-3-5　售後產品退換服務流程圖

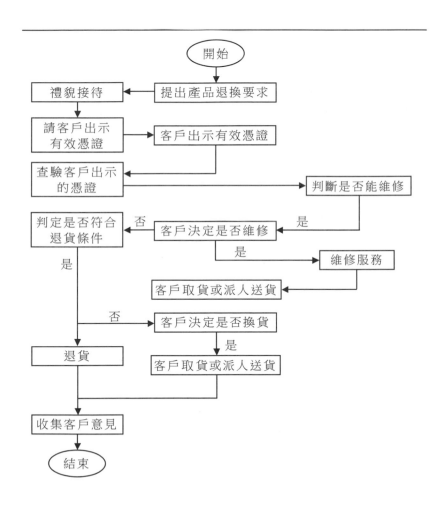

(1)禮貌接待

接待客戶，禮貌詢問客戶需求，記錄客戶關於產品退換的意見要點。

(2)查驗客戶出示憑證

請客戶提交購買產品的相關有效憑證，並查驗其有效性。

(3)判斷是否能維修

請客戶攜帶產品到維修中心或派遣技術人員到客戶處，檢驗產品是否存在品質問題、是否能修復。

(4)維修服務

若產品能夠修復，由工程部技術人員提供維修服務。

(5)退貨判斷

若客戶不同意修理，根據相關規章制度判定是否符合退貨要求。

(6)產品退換

經判斷，不符合退貨條件，予以換貨；如符合退貨條件，客戶不同意換貨，辦理退貨手續。

(7)收集客戶意見

退換手續辦理完畢，在 24 小時瞭解客戶關於退換產品及服務的滿意程度。

第四節　電腦產品的售後檢修案例

電腦的常見故障有許多種類，不同的故障要採取不同的檢修方法。作為一位專業的售後維修人員，總的一條是要堅持電腦常見故障的檢修原則。

（一）檢修電腦故障應遵循的原則

檢修電腦故障時，除應掌握一定的經驗和原理知識，還應具備一定的邏輯分析、檢修能力，應遵循手動心明、先外後內、先軟後硬、先電源後機器的故障檢修原則。

(1)手動心明

指電腦發生故障時，檢修人員在檢修之前，必須先做到心中有數。要根據故障現象，分析是軟故障還是硬故障，決定選擇那種檢修方法，切忌不假思索即盲目動手，以防故障擴大。

(2)先外後內

指檢修故障時要從機器外部開始，首先看機器的外部設備是否有問題，這是分析問題的出發點。若未查清週邊設備情況，就打開機器檢查內部，一是事倍功半，二是可能導致發生新的故障。

(3)先軟後硬

指先排除軟體故障後，再檢查排除硬體故障。因電腦故障有軟、硬體故障之分，若軟故障未排除，即便已排除硬故障，電腦仍不能正常工作。

(4)先電源後機器

沒有電源，電腦是無法工作。所以一旦電源產生故障，電腦即便正常也不能工作，而電源故障又是最常見的故障之一。只有電源故障排除了，方能有效地分析檢查機器的其他部份有無問題。如機器外部供電部份發生了故障，而誤認為機器內部有問題便盲目檢修，則可能造成人為故障。

（二）服務特性驗收標準

1. 確保送修機器使用功能恢復正常

⑴顧客對維修結果滿意並在《維修登記單》上簽字驗收；

⑵維修項目達到維修操作規範要求；

⑶二次返工率在 2%以下。

2. 通過電話諮詢、E-Mail 給用戶，讓其得到滿意答覆

⑴提供有效的解決方案；

⑵記錄疑難問題並按照向用戶承諾的時間作出令顧客滿意的答覆。

3. 維修服務及時、守時

⑴以最快速度安排並實施維修，一般在 3～10 個工作日內完成；

⑵特殊情況下，所售機器 10 個工作日內不能修復時，應該為用戶提供一台備機暫用。

4. 電話回訪

⑴直接用戶回訪率不低於 80%(無法與用戶取得聯繫的除外)。

⑵每月底統計用戶滿意度回饋情況及登記不滿原因，匯總《回訪報告》並及時反饋給各部門。

5. 金卡服務準確及時

金卡製作和發放準確無誤、及時。

6. 收費合理

(1)收費標準符合銷售公司統一定價和政府物價部門的規定；

(2)收費標準公開；

(3)收費項目和收費計算清楚並得到用戶認可；

(4)無違規收費情況。

7. 確保用戶機器的安全

對用戶送修的機器要安全妥善保管。

8. 守信譽

按維修規範進行安全維修。

（三）維修服務質量控制

1. 各環節在維修流程圖中，下道工序對上道工序接收時要進行質量控制。下道工序與上道工序進行交接時，首先檢驗上道工序的質量，若是接收，則表明對上道工序質量的檢驗合格。

2. 收機時對故障機序列號、機型、購買日期、故障現象、附件、外觀、用戶要求進行控制，並驗證《維修登記單》各項目，要求清楚、翔實、完備，收機人簽字了才表示驗證合格、完全、準確。

3. 維修/調試要按照相關作業指導書、操作規範、檢驗規程、流程圖進行操作，時刻注意檢驗過程是否按規範、流程進行，最後要對用戶的要求進行了妥善的處理與反饋。

4. 取機協助用戶檢驗修復機質量，確認服務完成，收取應收費用。檢驗過程是否按規範、流程進行，通過電話回訪檢查服務滿意

度，通過維修管理系統檢查控制。

（四） 維修操作程序要求

1. 待修機器送入維修間後，由維修工程師進行詳細登記後，放入待修機櫃中，並用泡沫墊進行隔離；

2. 取機維修、修復過程、通知用戶等每個環節都應及時進行詳細記錄；

3. 維修工程師開始正式維修機器時：

(1)首先，根據《維修登記單》檢查機器外觀，核對機器配置、機號，查看維修登記單上機器的購買日期，如有不符馬上與用戶聯繫，待全部檢查無誤後，方能進行下一步維修進程。

(2)其次，根據用戶登記內容對機器進行檢驗，包括其他相關的各項功能，並初步確認故障機所屬服務範疇。

（五） 維修標識規範
1. 保管機庫的標識

(1)維修工程師、技術支持工程師負責在各自保管機庫的明顯位置做上相應保管機庫的類型標識；

(2)維修部保管機庫分為「待修庫」、「散件庫」、「收費庫」、「修復庫」、「缺件庫」；

(3)維修部外地維修保管機庫分為「待修庫」、「散件庫」、「收費庫」、「缺件庫」；

(4)技術服務部保管機庫的標識為「設備調試櫃」。

2.入庫機器的保管標識

(1)維修部前台接收的故障產品，放入保管機庫之後，維修部主修工程師負責對機器加貼「客供品標識簽」，在「客供品標識簽」中填寫「直接用戶單位名稱」、「機型」、「故障現象描述」、「收機日期」、「機器序列號」等項內容，填寫《客供品保管登記單》；

(2)技術部支援工程師對放入設備調試櫃中的機器作相應標識記錄，填寫《設備調試櫃登記單》。

3.《維修登記單》的標識

(1)《維修登記單》一式三聯

第一聯為登記聯，第二聯為維修聯，第三聯為取機聯。

(2)《維修登記單》第一聯(登記聯)的標識

①維修部前台接待人員自接收顧客送修機器時開始填寫《維修登記單》；

②《維修登記單》中「直接用戶單位名稱」、「購買地」、「直接用戶姓名」、「直接用戶聯繫電話」、「故障現象描述」等項目需由用戶填寫；

③「購買日期」、「機型」、「製造編號」等項目需由維修部前台接待人員協助用戶填寫；

④如果用戶未攜帶保修金卡，「購買日期」一項可暫不填寫，待維修人員查到日期後補填；

⑤如果待修機器由簽約代理商(經銷商)送修，必須填寫「送修經銷商名稱」一項；

⑥確定填寫無誤後，維修部前台接待人員需在「收機人簽字」一項中簽署自己的姓名，並在「收機日期」中填好日期；

⑦以上各項的填寫，需根據當時前台接待的具體情況靈活運用。

(3)《維修登記單》第二聯(維修聯)的標識

①機器的維修過程由維修人員如實填寫《維修登記單》第二聯(維修聯)；

②在「維修情況」一欄中如實填寫具體的維修情況和狀態，簽署姓名和日期；

③維修最後經手人需在「維修人簽字」和「維修日期」兩項中簽署維修人員的姓名和維修日期；

④若維修過程中更換了零件須填寫「故障零件名稱」等項；

⑤若維修需要付費，則在「維修情況」一欄中填寫所需費用。

(4)《維修登記單》第三聯(取機聯)的標識

①顧客要取走機器時，由維修部前台接待人員提醒顧客在《維修登記單》第三聯(取機聯)中填寫「取機人簽字」和「取機日期」兩項；

②若顧客付費後需要發票，由維修部前台接待人員協助顧客在《維修登記單》第二聯(維修聯)的「郵寄地址」欄中填寫發票種類」和「發票抬頭」。如果顧客選擇自己來取發票，則必須留下聯繫方式。

4.壞件故障標識

⑴維修工程師在維修過程中更換零件後，需對更換下的零件加貼《維修故障標籤》，方可返還庫房；

⑵故障標識簽需填寫「維修站名稱」、「維修登記單號」、「故障機型」、「故障機號」、「故障現象」、「維修人簽字」、「維修日期」、「零件名稱」等項內容；

⑶若有付費情況，需填寫「直接用戶付費金額」和「付費原因」

兩項。

（六）維修登記單錄入規範

1. 對《維修登記單》第一聯填寫的要求

(1)《維修登記單》第一聯應由前台接待人員指導用戶進行填寫。

(2)用戶資訊應詳細填寫，以下項目必須填寫：直接用戶單位名稱、直接用戶姓名、直接用戶聯繫電話、機型、製造編號。如果是經銷商送修的，還應填寫送修經銷商一項，切記不要用經銷商代替直接用戶；

(3)機器基本配置的填寫，應檢查之後逐一填寫；

(4)故障現象描述應儘量詳實。若為非我牌機器或需收費維修的機器，應在「故障現象描述」一欄中註明「收費待診」。若機器為全球聯保機器，應在「故障現象描述」一欄中加以註明。

(5)前台接待確定《維修登記單》第一聯填寫無誤後，在「收機人簽字」一欄中簽字，並填寫收機日期。

2. 對《維修登記單》第二聯填寫的要求

(1)機器維修完後，應在「維修情況」一欄中填寫維修過程和維修結果，並簽字和填寫維修日期。如果在硬體維修過程中更換了零件，應填寫以下幾項：故障零件名稱、商品編號、零件序列號、更換零件名稱、商品編號和零件序列號；

(2)技術支援工程師修完機器後，應在「維修情況」一欄中填寫維修過程和維修結果，並簽字和填寫維修日期，如判斷為硬體故障，應在維修情況中註明；

(3)用戶取機時，如用戶付費後需要發票，前台接待人員應協助

用戶填寫以下幾項：付費金額、郵寄方式和郵寄位址（包括郵編、收貨人地址、收貨人姓名、聯繫電話）。

3. 對《維修登記單》第三聯填寫的要求

用戶驗證機器修復後，應填寫「取機人簽字」和「取機日期」兩項，再將機器取走。

4. 對電子維修登記單錄入的要求

(1)電子維修登記單的第一、三聯由錄入人員負責錄入，當天的維修登記單應當天錄入，最遲不能超過 2 個工作日；

(2)電子維修登記單的第二聯由維修人（維修工程師或技術支援工程師）負責錄入，當天的維修登記單應當天錄入；

(3)電子維修登記單應嚴格按照《維修登記單》所填內容如實錄入。

第 *3* 章
售後服務的工作規劃

　　顧客服務很重要，要想提高顧客服務的質量，需制定一種綜合戰略計劃，才能使這種願望變成現實。進行一項售後服務體系的設計，需要企業各部門的共同合作，包括客戶資訊回饋的流程管道、售後服務的具體流程及其改進實務、表單。

🔊 第一節　售後服務的工作要點

　　售後服務是企業運作過程中的一個十分關鍵的環節。處理好這一環節的相關工作，關鍵在於切實把握售後服務的要點,例如做好銷售服務、各種持續性的後續服務、消除客戶抱怨、商品咨詢服務等。

1. 做好產品售前工作

　　處理抱怨的最佳方案就是事先做好工作。大多數抱怨的產生是因為產品提供的利益與顧客的期望不一致，這種情況的發生原因很多，例如產品質量較差、使用不合理或服務較差，有時也因為顧客的期望值太高。對於第一種原因，服務人員無能為力，因為這是產品生產中質量檢測部門的問題。但對於後幾種情況，服務人員應盡

可能加以監控並防止發生。

確保顧客能正確使用產品是售後服務的一部份，保證產品完好無損地及時運到也是售後服務的重要內容；在運輸前後應仔細檢查產品質量，提前發現問題，並在顧客提出抱怨前先向其說明；另外，顧客也常常因為服務人員誇大產品質量而產生失望情緒，其應對方法是對產品保持實事求是的態度，那麼這種情況也可避免。

2. 做好各種售後的服務工作

當有顧客前來投訴或抱怨時，商家態度應誠懇並表示關心，盡可能站在顧客的立場上來尋求解決問題的方法。如果顧客大發牢騷，千萬要有耐心，而不是打斷他忙於解釋，儘量讓他去講，也不要表示出厭煩情緒，因為這樣可能會引起更深的憤恨。你對待顧客的態度將最終決定這一事件是否能圓滿解決。在認真傾聽完顧客的意見之後，和善地向顧客做出解釋，拿出可行的解決方案，顧客才會心平氣和，你們的合作關係才會更加牢靠。

3. 迅速處理抱怨現象

⑴商家聽到抱怨後要立即加以解決，時間越短越好，不要找種種藉口拖延。儘早實施，就能給顧客帶來好印象，或至少能減輕不良印象。

⑵當然，顧客的許多抱怨並非總是合理，可能會有一些顧客無理取鬧並強求解決。雖然你希望妥善處理，但如果滿足了這些顧客的要求，則對你的公司造成不利影響。

⑶但是無論如何，當顧客聲稱產品有缺陷時還是應該先檢查產品，並讓顧客解釋他使用產品的細節。例如，複印機可能因為使用了劣質紙張而卡紙，不合理的使用往往是造成許多機器損壞的重要

原因。通過調查就能發現問題的癥結在那里，最後總能找出雙方都能够接受的解決辦法。

⑷你的處理宗旨是為了方便顧客，而且也要讓客戶認識到這一點，應該向客戶充分說明公司決定用這種方法的理由。

4.執行後續服務

當顧客同意處理方案後要迅速實施，這時售後服務人員有責任監控實施過程，這就好像交易後的售後服務。處理抱怨之後的後續服務，對於留住顧客非常重要，如果顧客的不滿心情消失，就可以開始下一項交易了。

第二節　售後服務工作的流程

售後服務就是在商品出售以後所提供的各種服務活動。從推銷工作來看，售後服務本身同時也是一種促銷手段。在追蹤跟進階段，推銷人員要採取各種形式的配合步驟，通過售後服務來提高企業的信譽，擴大產品的市場佔有率，提高推銷工作的效率及效益。

售後服務是解決用戶購買後的實際問題。這也是企業在消費者購買前對顧客所作出承諾的兌現。售後服務需要企業運用整個公司的資源兌現顧客在購買後出現的一系列需要。

企業根據售後的不同服務需要，遵循規範化的流程來實施企業的售後服務政策，增強企業的服務質量。以下第1.、第2.個售後服務流程是用戶真正使用前的購買後的服務要求，第3.個售後服務流程是消費者在使用過程中出現的問題，需要企業反應的售後服務流

程操作。

　　一般的商品，消費者是不需要企業送貨上門或安裝的。但對於這類商品，企業在消費者購買後，也是需要做出售後服務的，即銷售員在顧客購買後，要進一步地指導顧客怎樣正確使用商品，告知使用的注意事項。有安全問題的，需要強調產品使用的安全操作；出現緊急問題時，怎樣採用正確的應急措施。指導顧客使用方法後，還需要告知顧客購買這個商品後享受的服務。服務包括免費服務及免費服務的條件，收費服務及收費服務的標準。

1. 不需送貨的售後服務流程：

2. 送貨上門的售後服務流程：

　　有些商品，由於產品的特性，企業提供了送貨上門、安裝的服務。銷售員在顧客購買了商品後，登記下顧客的送貨地址、送貨時間，保證按照雙方協商的方式把商品安全送上門。在送貨前需要打電話確認送貨位址和當時顧客的要求。送貨員將產品交給顧客，並要求顧客簽名送貨確認單。對於需要安裝的產品，安裝人員需要保持顧客房屋的清潔。確實無法保證工作時清潔的，在工作完畢後要予以打掃。安裝完畢後的工作流程如第 1. 種情況所示，需要指導顧客使用商品，告知使用的注意事項。有安全問題的，需要強調產品使用的安全操作；出現緊急問題時，怎樣採用正確的應急措施。指導顧客使用方法後，還需要告知顧客購買這個商品後享受的服務。

服務包括免費服務及免費服務的條件，收費服務及收費服務的標準。

　　商品使用的指導和服務告知，可以根據實際情況安排在送貨上門前執行。

3. 用戶反饋的售後服務流程：

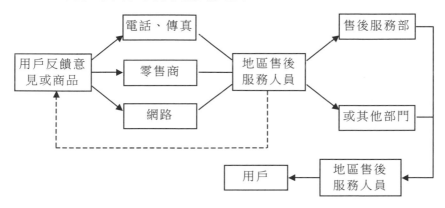

　　本流程是在消費者使用產品後出現問題，需要企業做出售後服務反應。

　　用戶的意見通過電話/傳真、零售商、網路的途徑來反饋，並尋找相應的服務。地區的售後服務人員根據用戶反饋的意見進行分類處理：若只是諮詢或口頭可以處理的就及時給予指導；若需要借助其他部門人員的合作的，則需要登記消費者的聯繫方式，承諾回覆時間。在獲得其他部門的支持後，及時答覆；若需要用戶親自送商品維修或更換的，地區售後服務人員要明確告訴顧客商品回收的地點。

　　圖中虛線部份代表服務人員與用戶的資訊反饋。若是上門服務的，售後服務部要派出人員上門解決。若需要公司回收商品的，應協同其他部門回收商品。對於需要在服務點維修或更換的，售後服

務人員要根據情況，告訴顧客處理需要的大概時間。產品維修或更換後，按照原有的回收方式交還給顧客。

第三節　售後服務的內容

一、縱向服務與橫向服務

售後服務包括縱向服務和橫向服務，通過橫向和縱向兩個服務來滿足客戶的期望和需要，使客戶感到滿意，創造永久和忠實的客戶。

(1)縱向服務

貫穿產品售前的諮詢→產品售中的導購→產品售後的維護和維修及升級所提供的各種服務。

表 3-3-1　縱向服務內容

服務時間	服務內容
售前服務	在新產品售出前，給客戶作產品性能介紹，以及本產品與同行業產品的優勢分析。
售中服務	為新老客戶選購合適產品，讓客戶買得稱心，用得安心。
售後服務	(1)產品安裝高度　(2)產品定期維護 (3)產品故障檢修(包括保修期保修、保修期外維修) (4)技術諮詢或培訓 (5)客戶疑難解答(熱線電話或網上在線服務) (6)產品升級服務　(7)產品退換機服務

(2)橫向服務

研究客戶需要，為客戶提供信息，為客戶創造便於購買的條件，以開拓和發掘客戶為目的的服務。

表 3-3-2　橫向服務內容

服務項目	服務內容
目標客戶諮詢	調查和諮詢目標客戶的產品需求。
良好的推銷網路	尊重客戶，禮貌待客，熱情週到的服務態度，為客戶創造良好的購買條件。
各種優惠服務	定期維護，延期保修，維修到家，優惠升級，有獎監督品質。
廣告和宣傳	對公司產品及性能、優質的服務措施做大量宣傳，但切忌虛誇。
促銷活動	參加展銷會、訂貨會、展評會。

二、售後服務管理的實施方案

確保對本公司銷售出去的產品進行及時有效的跟蹤服務，更好地確保客戶的利益，規範售後服務人員的工作行為和標準。

1. 售前服務

在客戶購買本公司產品時，工作人員應從客戶的利益出發，向其推薦最適合的產品，及時提供用戶所需的產品資料，耐心並熱情地回答客戶感到困惑的種種問題，必要時公司還要安排相關專業人士為顧客提供指導和諮詢。

另外，可以根據客戶的具體需要，有針對性地對相關產品實行免費試用的體驗。

2. 售中服務

售中服務的主要工作包括進一步瞭解客戶需求、為客戶提供優質的產品、為客戶提供完整的解決方案，如產品日常維護、產品使用等。

3. 售後服務

(1)送貨服務與安裝調試

①市區內由供應商免費送貨，全國範圍內免費送貨到客戶指定地點。

②需要安裝的產品，由公司派技術人員為客戶進行安裝。

a. 約期不誤。向顧客提供安裝服務，務必要在雙方預先約定的時限之內按時進行。若裝修人員因故而不能按照約定的時間抵達客戶指定的地點時，應提前告知客戶並說明原因，同時向客戶表示歉意。

b. 在安裝過程中，技術人員應態度友好，禮貌回答客戶的問題，不得隨意碰觸客戶的東西，要愛護客戶家居或辦公環境，不損壞其他物品；對客戶物品要輕拿輕放，並將服務過程中產生的垃圾隨身帶走。

c. 為顧客所進行的安裝服務要符合相關標準，不合標準而隨意安裝，或是在進行安裝時偷工減料都是不允許的。一經發現按公司相關規章制度處理。

d. 正式安裝完畢之後，有關人員應當場對產品進行調試，並向客戶詳細說明使用過程中的注意事項，認真回答客戶的詢問。當調試無誤之後，應由對方正式進行簽收。

e. 後續工作——定期查訪。由本公司人員負責安裝的商品，公

司本著對顧客認真負責的態度，應在事後定期訪查，以便為顧客減少後顧之憂，並及時為其排憂解難。

(2)技術諮詢

客戶可以隨時通過電話、傳真、書函以及電子郵件等各種靈活的通信手段向公司進行技術諮詢。公司會根據具體的需求情況，通過電話、郵件或指派技術工程師與用戶進行直接溝通與聯繫，以圓滿解決用戶的問題。

(3)產品維修服務

在接到顧客維修服務的請求後，售後服務部應及時安排維修人員為顧客提供維修服務。根據產品出現故障的嚴重程度不同，其處理的方式也稍有不同，具體內容如下表所示。

表 3-3-3　產品故障處理

故障嚴重程度	回應時間	問題提交時間	產品恢復正常預計所需時間	技術維修人員到達現場時間		
				半徑××公里以內	半徑××～××公里	半徑××～××公里
嚴重	立即	立即	根據實際維修情況而定	××分鐘	××分鐘	××分鐘
比較嚴重	3分鐘內	10分鐘以內	×小時左右	××分鐘	××分鐘	××分鐘
一般性故障	5分鐘內	15分鐘以內	2小時以內	××分鐘	××分鐘	××分鐘
輕微	10分鐘內	20分鐘以內	30分鐘以內	××分鐘	××分鐘	××分鐘

①在售後服務部的統一指揮下，為保證突發事件發生時，能夠迅速召集技術維修人員，應制定緊急事故處理方案。

②接到用戶系統故障報告電話時，首先詢問故障現象，根據故障情況判斷是否需要趕赴現場。對於一般性技術故障，可以利用電話或傳真指導用戶自行解決；在用戶無法解決或請求現場服務的情況下，售後服務部應組織技術維修人員及時趕赴現場，直至問題圓滿解決。

(4)退換貨

①公司將嚴格執行關於××產品的維修保證規定，執行維修保證條款。

②產品自售出之日起 7 日內，若發生性能故障，顧客可以選擇退貨、換貨或修理。退貨時，公司按購物發票價格一次退清貨款。

③產品自售出之日起 15 日內，若發生性能故障，消費者可選擇換貨或者修理。換貨時，銷售者應當免費為消費者調換同型號、同規格的產品。如果同型號、同規格的產品停止生產，應當調換不低於原產品性能的同類相關產品。

④在維修保證有效期內，修理兩次仍不能正常使用的產品，憑修理記錄和證明，由銷售者負責為消費者免費調換同型號、同規格的產品。若同型號、同規格的產品停產，應為顧客調換不低於原產品性能的同類相關產品。

⑤在維修保證有效期內，符合換貨條件的，銷售者因無同型號、同規格產品，消費者又不願調換其他型號、規格產品而要求退貨的，銷售者應當予以退貨；有同型號、同規格產品，而消費者不願調換而要求退貨的，銷售者應當予以退貨，對已使用過的商品按規定收取折舊費。折舊費計算自開具發票之日起至退貨之日止，其中應當扣除修理佔用和待修的時間。

⑥換貨時，凡屬殘次產品、不合格產品或者修理過的產品均不得提供給消費者。

⑦在維修保證有效期內，因生產者未供應零配件，自送修之日起超過 90 日未修好的，修理者應當在修理狀況中註明，銷售者憑此據免費為消費者調換同型號、同規格產品。因修理者自身原因使修理期超過 30 日的，由其免費為消費者調換同型號、同規格產品，費用由修理者承擔。

⑧換貨後的維修保證有效期自換貨之日起重新計算。由銷售者在發票背面加蓋更換章並提供新的維修保證憑證。

第四節　售後服務的工作項目說明

售後服務主要的內容是：成交後立即著手進行的服務，即成交隨後安排服務和長期跟蹤服務。售後服務從交易成交的那一刻起就已經開始。

通常我們都認為在與顧客就某一筆交易成交後應當儘早離開，與顧客再作過多的交談可能會導致顧客生出新的疑慮，從而威脅到交易的最終完成。但在這裏，有必要指出，許多情況下有些細節則必須予以闡明，諸如提貨的時間以及購貨條款等，銷售員就這些細節內容與顧客順暢地達成一致也很重要。

如果需要決策人必須和另一個人一起決定某項購買，而此人又不在現場時，銷售員則要提供一些額外的評判內容，以力求符合不在場的決策人的滿意。例如，一位學生想買一台電腦，而這意味著

此項交易不僅應令這位學生滿意，而且也應考慮到令她的家長感到滿意，雖然他們並未到場。因此，電腦銷售商在提請成交時應該著意補充一些講解內容，以表明已將其家長的可能意見也考慮在內。另外，向買方描繪一幅擁有該產品後的生動圖畫，也會增加購買者對此種產品的信心。

　　成交隨後安排的服務也是售後服務的一個重要內容。但從我們期望通過售後服務達到穩住老顧客的目的這一角度來說，「售後服務」更偏重於長期的跟蹤服務。卓有成效的跟蹤服務有這樣幾個優點：首先，它為你提供了一個機會，從而可以瞭解顧客在使用產品或服務方面存在的問題，如果確有什麼不當，或存在令人不滿意之處，則可以立即予以解決；其次，如果顧客感到很滿意，那麼則有再次獲得訂單的機會；第三，跟蹤服務還表明你是關心該顧客的，從而有助於你們關係的融洽發展。跟蹤服務也並非一定要親身前往去做，一個電話或是一封感謝信也是可以的。只是在當一宗大買賣或是在當回頭生意成交的可能性很大時，銷售員才更有可能親自前往做跟蹤服務。

　　如果說售後服務是留住顧客的一種重要方式的話，那售後服務各種形式的工作則是穩住顧客的法寶。售後服務不限於產品類型，不限於行業，也不拘於形式，它有著廣泛的內容和未開拓的領域。

1. 包裝送貨服務

(1)包裝服務

　　商品包裝在有些產品類型中是為顧客服務中不可缺少的項目。舉個簡單的例子：我們去禮品店買一份禮品，禮品店的服務人員免不了要把該禮品用各種彩紙包好，打上蝴蝶結，打扮得像個「禮品」

再給你，這就是包裝服務。

　　商品包裝的形式多種多樣，如單種商品包裝，散裝商品的小包裝，禮品包裝等等。根據顧客的要求，服務人員為顧客提供各種形式的包裝，以滿足顧客的需要。

　　例如一些大中型和有聲望的工商企業，應備有印上企業名稱、地址的包裝物，這也是一項重要的廣告宣傳方法。

(2)送貨服務

　　某顧客來到商場，立即被一台冰箱吸引住了，馬上就想掏錢買下這件新穎別致的電器。但是，由於顧客家住市郊，又沒帶運輸工具，於是顧客詢問營業員店裏是否會送貨上門，營業員冷冷地回答說：「我們不管這種事！」這位顧客連聲歎息，只得打消了購買的念頭。

　　顧客在購買家用電器和家具等大件商品時，由於商品體積大，笨重難搬，攜帶很不方便，針對這種情況，銷售廠家就有必要提供送貨上門這一服務項目，以方便消費者。如果缺少這一環，勢必影響企業的形象，降低銷售業績。

2. 安裝調試服務

　　對於大件的生產設備和技術複雜的产品，或高價的消費品，銷售企業應負責調試安裝。這項售後服務是產品銷售的一項基本工作，也是追蹤跟進階段不可缺少的一個項目。

　　顧客在購買某些商品時，需要在使用地點或者家中進行安裝，而顧客又不懂得正確的安裝和使用方法，這時，就應該向消費者介紹商品的具體安裝和使用措施，必要時還可以當場安裝試用，或派人到消費者家裏親自免費安裝調試。

某機床廠出售到韓國一家機電製作所一台精密磨銑床，由於韓方操作人員對該機床結構不熟悉，致使磨床傳動系統出了故障而不能及時排除，當該廠銷售部收到韓國釜山的來信後，馬上派出有關人員赴韓國調試，僅僅花了 3 天時間就排除了故障，隨後又為該製作所培訓了操作技術人員和維修人員，獲得了顧客的信任和好評，對方主動提出長期訂貨意向，還幫助廠方在當地物色了其他客戶。由於該廠重視售後服務，產品陸續躋身於歐美、日本、東南亞等地市場。

以消費性產品而言，花高價買一件商品並非易事，因此，他們往往有後顧之憂，例如怕商品的質量不好，或怕不會安裝使用，或怕壞了沒地方修，而此時企業強調售後服務，它的安裝調試正是消除顧客這種疑慮的一個有力保證，有利於提高企業的信譽和知名度。

3.維修服務

維修服務是指商業企業對售出的商品實行包修、包換、包退的服務。

(1)包修

所謂的包修，即顧客所購買的商品在保修期限內免費維修的一種服務方式。它可以是定點維修，也可以是上門維修。即在規定期限內是免費維修，但超過規定期限則收取若干費用。

保修制度是售後服務的主要內容之一。有無保修對顧客來講是非常重要的，顧客在購買有保修制度的商品時，就如同吃一顆定心丸，其促銷購買顯而易見。

(2)包換

包換也是一種重要的售後服務形式。它是指對顧客購買的不合

適的商品實行調換。

顧客要求調換商品有多種原因，例如，商品有質量問題，不合格；商品的規格、尺碼、型號不對；商品的式樣、顏色不稱心；有些顧客一時衝動，購貨後產生後悔情緒等等。應該說，顧客來店調換商品，營業員也有一定的責任，在銷售過程中，由於對商品介紹的不很清楚，沒有給顧客一些必要的提示，或採用了硬性推銷才出現了顧客要求調換商品的情況。因此顧客前來退換商品時，營業員不應再冷臉相待或有意刁難顧客，即要以同樣的熱情接待這類顧客，為他們提供滿意的服務。

(3)包退

包退是滿足顧客退貨的要求。顧客選購商品时總有不合適，或不喜歡的現象，只要不是無理取鬧，要求退換商品也在情理之中。作為銷售單位或企業就應該儘量滿足消費者這些要求。現在有些店家還掛著「商品售出，概不退換」的牌子，這樣會嚇走許多顧客的。人們普遍有這樣的看法：准予退貨者，不怕客人退貨，一定是優良的商品；反之則認為不准退貨的商品，質量肯定有問題。這樣一來，即使是質量好的商品，也會影響銷路的。

事實上，「包退」不僅不會影響企業的銷售額，相反還會給企業帶來「回頭客」乃至更多的新顧客，從而開拓出新市場。買和退是對立的，然而通過售後服務這一形式可以統一起來。當顧客認識到銷售者是誠心誠意為顧客服務時，這種退換反過來又會大大刺激推銷，所謂「退一件可以打開十件的銷路」也就是這個道理。若只顧眼前利益，不顧企業信譽，拒絕退換貨，則無異於撿了芝麻丟了西瓜。

4. 業務技術培訓服務

企業賣出產品或設備後，甚至還要為客戶做技術方面的培訓工作。業務技術培訓服務分為兩個環節：

⑴技術資料服務

這是為了解決顧客使用產品所遇到的種種技術難題，而提供的服務項目。這種技術上的資料服務，要靠銷售單位主動向顧客提供，其內容包括必要的技術資料、產品性能、檢測標準以及使用說明。

⑵技術培訓服務

銷售一方為顧客培訓合格的技術操作和維修管理人員。通過對顧客的技術訓練，幫助他們增強使用銷售產品的技術力量，同時也可聽取他們的抱怨和投訴意見，從顧客那裏搜集到具有一定價值的客戶心聲。

5. 質量保證服務

在購買活動中，顧客在購買一些大件和高級商品的時候，往往擔心其質量的好壞。顧客花高價好不容易購買一件耐用商品，而如果在使用後，發現其質量欠佳，且問題得不到妥善解決，顧客會感到極為沮喪，甚至訴諸抱怨或投訴。針對這種實際情況，銷售方要及時提供商品的質量保證服務，使產品質量出現問題時，能夠及時得到檢修或予以退換，這種售後服務可以彌補由於個別質量事故造成的顧客抱怨。

「三包服務」（包修、包換、包退）也可以算是質量保證服務的一種，這比以往「貨物出門，概不負責」的做法進了一大步，不過經過深入思考就會發現，實行三包只能說是最低層次的質量保證，它離使顧客「真正放心和滿意」這一要求還相去甚遠。這是因為，

實行「三包」無非是讓顧客對所購買的商品有信心，但沒有那位顧客會喜歡自己買的東西日後要退換。

為了根除這一售後服務的弊病，我們要變「包」為「保」，企業要對所售出商品有「質量保證服務」。

6. 投訴處理服務

在購銷活動中，顧客同企業發生衝突和糾紛是常見的事。例如在流通領域，顧客認為企業在銷售產品時以次充好，以假亂真，刊登誇大實際效用的廣告；在服務企業中，由於服務人員態度粗魯，服務設施與收費標準不符等導致服務水準差。這些都可能導致顧客對企業不滿，或投訴企業，或訴諸於司法機關，或訴諸新聞媒介，這樣就會使企業捲入到與顧客的糾紛之中。

面對糾紛，企業態度要友善，要善於聽取顧客意見。同時，要查清事實，並與顧客充分交流意見，依據糾紛原因妥善處理。若問題出在企業一方，本著「售後服務的精神」，要勇於負責，做好善後工作，促成壞事變好事；若問題出在顧客，就要善於誘導，使顧客認識到自己的問題。

7. 顧客跟蹤服務

顧客跟蹤服務的好處在於隨時掌握顧客動態，為新一輪的生產、銷售提供有利的資訊；同時可為顧客解決實際問題，減少顧客購買後的抱怨，提高對顧客的服務水準。

日本資生堂公司是一家生產化妝品的企業，它十分重視顧客跟蹤工作。對於每一位顧客，資生堂都力求建立檔案，記下姓名、住址、電話等內容，以便對顧客進行隨訪。資生堂的銷售點每月兩次會以打電話或以寄明信片的方式，詢問顧客對化妝品的使用情況，

必要時邀請顧客覆診，重新擬定美容計劃。資生堂由建檔而建立遍佈全球的顧客網路——花之友俱樂部，為成員提供私人保健醫生和長期服務。

8. 零配件供應

零配件的供應是一項十分重要的售後服務工作。倘若缺乏零配件供應，一架設備便可能因一個小小的零件出了毛病而不能正常工作。對那些特種設備而言，由於零配件缺乏互用性，這個問題更加明顯。

有效、及時地供應零配件，有時對企業經營的成敗具有至關重要的影響。美國卡特匹勒公司的成功就是一個有力的佐證。

無論在世界的那個地方，凡接到用戶電話後 24 小時之內，公司都將零配件送到工地。假如需要該公司的技術人員配合，則他們也可同時趕到。公司規定，如果不能在 24 小時內抵達工地，免收所有維修費用。

為了保證做到這一點，該公司在本國的 93 家經銷商和海外的 137 家經銷商處專門設立了配件中心，並在 10 個國家設有 23 處配件倉庫，每個倉庫負責一個特定區域的零配件供應，所有倉庫的零配件供應正好覆蓋全世界。在這些倉庫裏，經常保持有 20 萬種可供 2 個月的零配件供貨。

雖然該公司的產品普遍比競爭者的同類產品價格高 10～15%，但用戶仍然願意購買它的產品。

9. 顧客的教育培訓

企業與顧客之間不僅是買賣關係，它還應當承擔起顧客教育、服務等的任務。成功企業常用教育方法引導顧客與企業做長期買賣。

　　例如化妝品企業常免費培訓美容院的工作人員和顧客，介紹或使用新的化妝品，就獲得了極大的成功。

　　美國的克萊羅公司，它設立了許多永久性的訓練中心，堅持做顧客教育活動，聘用 200 多名專業美容師深入學校、美容院、產品陳列室、集會和展覽會，傳授和示範化妝品的使用方法。在訓練中心畢業的學生，都可以獲得一份精美的證書、一套教材和一本工作手冊。這些免費顧客教育，使克萊羅的產品在激烈的競爭中提升了產品知名度，並且不斷爭取到大量顧客。

10.產品使用說明

　　企業推出一份詳細、適用的產品說明書，是企業售後服務的一個重要方面，它可以幫助顧客掌握產品的使用、維護方法，提高產品的使用效果。尤其是那些打入國際市場的產品，精美的產品說明書，譯成顧客的本國語言，大大方便了顧客閱讀。

11.退貨處理

　　成功的企業在產品退貨處理上都定有一套準則，以獲得社會公眾的普遍好感。顧客購買到不合格或不合適的產品，企業若允許顧客退貨，則可以消除顧客的不滿。

第五節　制定服務作業所需表單

　　服務作業是個規範的工作，需要有成文的表單來傳遞服務資訊，證明服務情況。售後服務人員需要熟悉表單的內容和使用情況，按照單據做事。下面是幾種常見的服務過程中使用的表單：

1.服務憑證

　　商品銷售時設立服務憑證，作為該商品售後服務的歷史登記，並作為技術員以後歷次的服務證明。

2.叫修登記表

　　接到客戶叫修的電話或函件時，售後服務人員應立即將客戶的名稱、位址、電話以及所需維修的商品型號等，登記於「叫修登記簿」上。一般情況下與該客戶的服務憑證一起使用。

3.客戶商品領取收據

　　當一項服務現場不能妥善處理，需要將商品攜回修護時，售後服務人員需開立「客戶商品領取收據」，並要求客戶於其「服務憑證」上簽認。

4.客戶商品進出登記本

　　售後服務人員帶回客戶商品維修的，需在公司的「客戶商品進出登記本」上登記，記錄客戶名、商品名、商品代號、進入時間、帶出時間、數量、人員簽名等。

5.修護卡

　　修護卡應懸掛於客戶待修的商品上，以資識別。修護卡上要記

錄實際修護使用時間及配換零件詳情。

6. 技術人員日報表

技術人員日報表包括技術人員的姓名、維修的商品名、客戶姓名、計劃的維修時間、實際的維修時間和總工作計量。日報表由技術人員填寫，每天送服務主任查核。

7. 顧客投訴登記表

顧客投訴登記表是記錄每個用戶的投訴情況。投訴登記表包括投訴的日期、發票號、顧客基本資訊、商品基本資訊、投訴類型、投訴內容描述、投訴要求、問題的投訴分析、顧客處理意見、處理人。其中企業要決定投訴是否有效，若有效，確定責任部門及由誰去處理；若無效，原因是什麼，由那個部門跟客戶解釋。

8. 顧客投訴跟蹤單

顧客投訴跟蹤單應包括客戶基本資訊、投訴類型(退貨、換貨、維修、抱怨原因、其他)、產品基本資訊、投訴受理人、投訴現象描述、投訴原因清查、處理意見、處理情況、處理結果等。

9. 壞件記錄單

壞件記錄單可以作為備件管理的依據，進行產品故障分析等。壞件登記單包括壞件描述、壞件來源、壞件類型、壞件原因、處理方式(返修、作廢)、負責部門、改進措施、登記日期等。其中壞件描述應登記壞件型號、問題描述、生產日期、故障日期。

10. 售後服務反饋單

反饋單包括客戶資訊、產品資訊、服務時間、服務類型、服務方式、服務費用、解決結果、服務滿意度、顧客意見。其中服務時間應登記顧客申請時間、服務的起止時間。

11.顧客滿意度調查表

顧客滿意度調查表是為了瞭解顧客對本公司服務的看法，找出服務差距，進而改進服務。調查表包括調查的客戶資訊、調查時間、地點、方式、人員、調查項目和評價標準。其中調查項目要根據調查目的：服務人員的態度、服務的時間、服務的質量、服務費用、投訴的反應時間、維修的方便性等幾方面設計。

第六節　售後服務的紅地毯作法

家電市場競爭日益激烈之際，該公司隆重推出了「紅地毯」服務，曾經引起強烈的反響。其中的「三大紀律、八項注意」服務行為規範，被業界傳為佳話。

該公司的售後服務，曾沿用「零缺陷管理」的提法稱「零缺陷服務」，有過「四不准、一尊重」的服務規定。在服務競爭已經成為家電行業越來越重要的競爭方式和手段的形勢下，原有的服務缺乏新意和特色，不能被消費者廣泛認同，公司決策層產生了重新確立服務新形象的決議。

該公司在法國本土實施的是「紅地毯」服務。基本做法是：維修人員上門服務時攜帶一塊地毯，在紅地毯上展開維修操作。

該公司認為「紅地毯」服務名稱不錯，寓意也不錯，親切溫馨，當即拍板採納，並責成有關人員制定具體服務內容和實施方案的策劃工作。

在現實生活中，紅地毯一般在非常隆重的場合才會使用，如重

大活動的開幕剪綵等。

　　企業為用戶服務時鋪設紅地毯，確實是以消費者為中心的營銷觀念的實際表現。「視用戶為上帝，尊用戶為貴賓」的「紅地毯」服務寓意便產生了。

　　以「紅地毯」服務取代「零缺陷服務」，除了營銷觀念變革之外，還因為「紅地毯」服務比「零缺陷服務」有更為優越之處。相比之下，「零缺陷服務」給人的感覺過於冷峻、嚴肅、缺乏親切感，「紅地毯」服務則顯得倍感溫馨和熱情，這是用「紅地毯」區別於「零缺陷服務」的基本特點。根據紅色地毯給人的感覺和象徵意義，「紅地毯」服務應該是熱情週到、溫情體貼、深情細緻、真情誠懇的，「熱情、溫情、深情、真情」是「紅地毯」服務的形象定位，十分貼切。

　　最後，確定了「紅地毯」服務的目標，根據零缺陷管理在售後服務上的要求，「紅地毯」服務的目標應該確定為追求用戶的完全滿意。

　　第二個問題是服務承諾，這涉及到保修年限、以及維修收費標準等問題。策劃負責人參考國內外企業服務的承諾內容，把應承諾的內容一一列舉出來，每一個承諾項目都附上承諾時間的長短、費用標準等內容，其內容詳細、規範、全面。

　　第三部份是服務規範問題，策劃負責人將其分解為服務語言規範、服務行為規範和服務技術規範三個方面。服務語言規範的設計相對來說較容易，接聽人員的服務語言規範和上門服務人員的語言規範包括開始語、結束語、語氣、語度，這些都很快擬定。

　　對於服務技術規範，因為每種機型都有其技術規定，服務技術規範就是各種機型的維修技術規範。「三大紀律，八項注意」的創意

漸漸浮出，「三大紀律」被概括為：

第一，不與用戶頂撞；

第二，不受用戶吃請；

第三，不收用戶禮品。

「八項注意」是根據維修服務的工作流程先後來寫的具體內容為：

第一，遵守約定時間，上門準時；

第二，攜帶「致歉信」，登門致歉；

第三，套上「進門鞋」，進門服務；

第四，鋪開「紅地毯」，開始維修；

第五，修後擦拭機器，保持清潔乾淨；

第六，當面進行調試，檢查維修效果；

第七，講解故障原因，介紹使用知識；

第八，服務態度熱情，舉止禮貌文明。

致歉信是一個首創，是個很好的創意：一是以書面形式向用戶道歉，以誠感人，消除用戶心中的不快；二是假如用戶不在家，可以置留在用戶的門上，表示維修人員來過並預約下次時間。這是家電行業採用書面形式向消費者表達歉意，效果非常好。

為統一服務語言規範和服務行為規範，以達到言行一致，策劃負責又具體起草了上門維修流程，具體表述如下：

1. 限時服務

同時，規範服務行為以後，該公司推出「小時限制服務。」

⑴ 24 小時上門服務

⑵ 24 小時信函服務

⑶ 24 小時售後回訪服務

⑷ 24 小時修複回訪服務

2. 敲門

有門鈴的要輕按門鈴，按鈴時間不要過長，無人應答再次按鈴，按鈴時間加長。沒有門鈴則輕敲門三下，無人應答再次敲門，敲門節奏漸快，力度漸強。若還是無人應答，再等候十分鐘，若主人仍未返回，則在留言欄填寫致歉信，塞入門內。

3. 介紹和證實

主人聞聲開門或在門內詢問時，服務人員首先要進行自我介紹：「對不起，打攪了。我是○○公司維修人員，前來為您服務。」

證實對方身份：「請問這是不是××（先生、女士）家？」

4. 致歉

雙手遞交致歉信，誠懇地說：「對不起，洗衣機出了故障，給您添麻煩了。」

5. 套鞋進門

穿好自備鞋，經主人允許後再進門服務。在特殊情況下，如主人家沒有鋪地板，經主人許可，進門可不必穿鞋套。」

6. 鋪紅地毯

在主人選定的位置鋪上紅地毯，準備維修。

7. 維修

將洗衣機搬到紅地毯上，開始維修工作。

8. 清潔整理

修理完畢，用自備專用擦機布將機器擦拭乾淨，收好紅地毯及維修工具，再將地面清理、打掃乾淨。

9. 試用

當著用戶的面試用機器,證實機器恢復正常工作。

10. 講解

向用戶講解故障原因,介紹使用保養知識,最後將洗衣機複歸原位。

11. 收費

三包期外的維修,按規定標準收費。

12. 填單

如實填寫維修服務工作單。請用戶對維修質量、服務與行為進行評價和簽名。

13. 辭別

向用戶告辭。規範用語為:「今後有問題,可隨時聯繫,再見。」

第 4 章
售後服務網點的架設管理

售後服務網點的選擇依據服務業類型而不同，是要讓客戶方便、快速聯繫到。借助服務站的有形展示，企業服務站的地址環境和裝修，可體現公司的理念及人文氣息，提升顧客滿意度，傳播企業的服務形象。

第一節　售後服務網點的位置分析

許多企業在選擇服務網點時，都會將服務的地理位置看得很重要。這當然有其一定的道理。方便顧客消費，形成習慣，是顧客選擇購買地的一個重要的考慮因素。難怪有人將服務點的成功歸結為：位置，位置，還是位置。這無可厚非，至少有研究證明人口多、出入方便、第一個檔口的生意是要好很多的。很多商業確實應該是以位置作為第一考慮要素。難道售後服務網點也需要將位置確定放在第一位嗎？

其實不然，售後服務位置選擇的重要性依據服務業類型而不同。但最重要的一條是創建讓客戶能夠方便、快速聯繫到服務站的管道。例如，通過電話就能找到服務人員，接受服務人員的建議和

幫助。判斷網點位置對服務是否重要時，必須考慮：

1. 市場的要求

顧客需要的是什麼類型的服務。這些服務需要通過什麼樣的管道來服務。電話，網路，傳真，上門？弄清楚服務的方式，在某種程度上可以確定服務地點的重要性。

2. 及時性與便利性是否是選擇服務的關鍵性因素

顧客的售後服務要求及時和方便性很高嗎？顧客的售後服務是不是需要親自去服務站或服務是不是非常的頻繁？需要和頻繁就會對服務位置的便利性要求高些。

3. 服務業公司所經營的服務活動的基本趨勢

服務業的位置選擇是否成為公司獲取競爭優勢的籌碼，是不是加劇了位置吸引力競爭？是的話，那麼位置的重要性就要重新估計了。

4. 服務業的靈活性程度

這些因素影響所在位置以及重置位置決策的靈活性嗎？服務位置是否需要隨意或輕易改變，改變後是為客戶帶來方便還是帶來麻煩。

5. 公司是否有選取便利位置的義務

若公司在目前的市場狀況或法規下，沒義務去選取便利性位置，那就暫時不必浪費資源。

6. 有什麼新制度、程序、過程和技術，可用來克服過去所在位置決策所造成的不足？

7. 補充性服務對所在位置決策的影響有多大？

除了一般承諾服務外，企業提供的增值收費服務，是否是顧客

要求選擇方便位置的重要考慮因素？

　　將上述問題列清楚，順序是從重要到不重要。對於不重要的問題予以剔出，預測重要的因素是否會對服務質量、服務率和二次消費構成威脅。

))) 第二節　售後服務網點的架設要求

　　企業都需要制定服務站申請表，申請表規定了一般的加盟條件。這是最基本的建站規定，是企業讓服務商自我挑選的過程。

　　廠家歡迎各地的服務商加盟，同時也希望申請的服務商可以先瞭解公司的服務站建設申請要求。通常情況下，廠家需要規定服務商的機構條件、硬體條件、服務人員要求和管理者條件。

　　服務商通常願意加盟廠家的服務體系，廠家也願意優質的服務商進入自身的服務體系。廠家建立每一個服務站就需要投入資金，並向消費者承諾它是代表著公司形象的。開設一家服務站，需要慎重考核，程序如下：

1. 申請

　　有意加盟公司售後服務站點的企業，可向公司索要申請表格，提出書面申請，並提供營業執照、稅務登記證複印件、公司結構、經營規模、經營歷史、經營業績、公司內外照片、人員配置情況等資料。

2. 初審

　　公司接收到申請單後，根據市場銷售情況和現有維修網點的佈

局、規劃,確定是否對申請單位進行考察。對符合發展規劃和申請條件的公司進行調查考核。

公司派人按「建站條件」對其進行核實。考核的內容包括:技術狀況、經營能力、設備能力、企業狀況、資金情況、提供建站土地的地理位置等。考察人員根據調查結果寫出考察報告、「產品特約安裝、維修建站審核表」和有關資料,並彙報給維修部。

3.服務站建設

維修管理部批准後,公司要針對有特別要求的服務站進行設計建設。由廠家的網點管理部門與服務商共同實施建設,包括工程規劃、標識和標記。工程規劃包括要建設的服務站的規模、修理工廠及配件倉庫的規模及位置、照明設施等。標記與標識包括標識、燈箱、標記牌、色譜、宣傳畫等。

4.開張準備和簽約

⑴設施準備。由分公司通知申請建站單位按標準交納配件抵押金或購買鋪底配件。交納配件抵押金或購買鋪底配件後,與申請建站單位簽訂協定(一式兩份)。

⑵培訓。廠家要培訓服務商的運作模式、廠商之間的溝通模式、售後服務技術、各種服務運行程序等。

⑶考核服務管理部門對服務站進行全面考核、考評和驗收。考核的不僅是服務站的硬體,還包括服務站人員的素質要求。

⑷維修管理部備案。包括申請建站單位的書面報告、考察報告、「產品特約安裝、維修建站審核表」、有關照片資料、營業執照和稅務登記證複印件、交納抵押金或購買鋪底配件的發票或收據複印件。

管理科最終確認,與服務商正式簽訂協定,正式開展業務。

第三節　售後服務網點的佈置要求

售後服務就是解決顧客的購後難題，同時要考慮服務的可獲得性、及時性、愉悅性等以顧客為中心的服務網點選址和裝修問題。

服務網點的選址和方便性影響著顧客參與售後服務的積極性以及顧客滿意度，而地址環境和裝修體現公司的理念和服務顧客的人文氣息。通常情況下，售後服務網點跟銷售網站是同一個地方。根據玫琳凱的服務網點選址建設操作手法，制定出以下的選址、裝修的實操注意細節：

1. 位置

⑴交通便利，應考慮附近有幾條主要公交線路、地鐵等當地市民的主要交通工具。

⑵如果大樓內沒有電梯，考慮顧客方便，位置應選在四層以下。

2. 週邊環境

⑴大樓應有明顯標識，容易找到，並且方便停車，出入方便。

⑵在樓道、停車場要設置指示牌。

⑶所租房屋適合人員出入較多、相對喧鬧的活動。

⑷避免在對安靜程度要求高的高檔辦公區或居民住宅內，以免影響週圍鄰居的辦公和生活。

⑸週圍環境整潔，不宜靠近菜市場及小商品市場，不宜靠近正在興建的建築工地和垃圾集散地。

3.房屋外觀

⑴要求正規樓房且外觀整潔，不宜為臨時房、將拆遷房、外觀破舊房等。

⑵房屋外有醒目的 POP，廣告牌。

4.房屋結構及設施

⑴最好是框架結構房屋，適合裝修，或可用於重新裝修。

⑵已有初裝修的房屋，其屋頂、地面如能符合公司要求，可加以利用以節省裝修投資。

⑶室內層高符合標準要求。

⑷建議標準服務網點具有兩條以上電話直線。

5.服務站內部設施

· 一般接待顧客的設備和設施，如桶裝水及加熱器、接待前台、休息沙發及椅子、雜誌等。

· 室內燈光應柔和明亮。

· 溫度適宜。

· 內部佈局簡單有致，色調與公司主色調一致，其他用暖色調。

第四節　售後服務網點的有形展示

服務具有無形性，帶有很強的主觀體驗性質，是一種不可全部用實體觀念來衡量的產品，售後服務也是如此。

服務的質量分為結果質量和過程質量。

結果質量就是服務結果，較易判斷，如風扇是否維修能轉了，電視頻道是否安裝能看了。過程質量則是要配合很多種現場因素、顧客心情等外界複雜要素。因此售後服務不僅只能依靠看得見、說得清的服務結果質量來衡量和管理售後服務工作。顧客對企業的忠誠度有時是說不清，道不明的。提升顧客的滿意度，最終形成忠誠度，還需要借助服務站的有形展示，傳播和提高企業的服務形象。

做好企業的售後服務網點的有形展示，需要從顧客的角度和行業特點設計和安排有形展示的要素。這些要素主要由服務場景和其他有形物組成。

1. 服務場景

服務場景是售後服務站接待客戶、維修商品的地方。客戶從進入服務站的範圍，就可以開始感受到服務的氣息了。服務場景通過許多複雜的刺激，如建築外形物、標誌、顏色、氣味、音樂等向消費者傳遞有關服務的內在資訊，建立用戶的初步印象。

服務場景的好壞，可能會影響到顧客和員工的交流，顧客的心情和情感體驗。因此重視服務場景的設計，需要在外部設施和內部設施設計出服務客戶感受和公司定位的環境。

(1)外部設施

外部設施一般被界定為售後服務站的週邊環境要素，主要包括店面的外部設計、標誌、停車場地、週圍景色、週圍環境等。便利的停車環境為客戶節省大量時間，清楚明瞭的指示牌讓顧客認同公司的辦事能力。總之容易引導顧客找到服務站、給顧客良好的心理感受，是外部設施設計的要訣。

(2)內部設施

內部設施界定為服務站內的內部設計、設施、佈局、標誌、空氣溫度、氣味、音樂、燈光等。舒適的椅子可讓顧客延長等待時間、相當的櫃台高度讓顧客感到親切。這些都有助於顧客對企業的滿意。

2.其他有形物

除了服務場景要素外，有形展示還包括其他有形物。它是指名片、文具、收費單、報告、員工著裝/制服、手冊、網頁等。良好的設計都會傳遞給顧客公司獨特的服務理念和感受。

當顧客對一種新的售後服務不熟悉時，會從有形環境尋求線索幫助他們形成對服務的期望。而有形環境就是上述的幾種環境要素了。

第五節　售後服務網點的管理

　　企業不僅要注重服務網路的建設，還要注重對它的管理。服務網點的管理主要在於協調服務站的日常工作，解決客戶售後服務問題，完成廠家的服務目標，提高顧客的滿意度。服務站管理應從對網點的業務培訓、內部管理、客戶服務追蹤、定期考核與優化調整等，實施網點的動態管理。

1. 培訓

　　售後服務網點一般具有技術和服務的功能。培訓內容一方面要根據不同崗位培訓不同的專業內容；另一方面還要培訓服務技巧、服務理念。售後服務的培訓對象主要是質量鑑定員和維修人員。技術日新月異，要培訓不斷變化的新產品技術，還需培訓最新的檢測、維修技術。

2. 內部管理

　　服務站內部管理關乎服務網點正常運行與否。內部管理的目的是為了能按時按質完成顧客的服務要求，按時按質完成廠商的服務目標。

(1)日常管理

　　服務商在日常管理中主要是監督服務人員按照服務流程做事，注意服務禮儀、服務質量，按時填寫報表、定時收集有用的資訊，提高服務的效率等。

⑵零配件的訂貨和倉儲管理

不同零配件的使用量是不同的，服務商在訂貨管理方面要根據歷史經驗，協助維修人員確定零件類型、進貨量、進貨期限、安全庫存等。

⑶服務宣傳

售後服務同時也是服務推介。通過售後服務建立客戶關係，幫助企業增值服務宣傳、促銷活動等。

3.客戶服務追蹤，資訊歸檔

加強售後服務的質量跟蹤，將服務質量、服務態度、市場訊息、企業形象等資料及時整理成報表歸檔，作為工作總結、產品開發和培訓的重要資料。

4.定期考核

對服務網點免不了要進行考核，以便決定獎懲以及改進服務策略和技術，甚至取消服務網點。廠家對服務網點考核項目主要包括：

⑴服務基礎設施：資訊化建設、硬體設施、運作管理制度。

⑵服務滿意度考核：服務及時性、技術水準、服務規範滿意度。

⑶日常考核：服務網點日常管理的各個方面，如廣告宣傳、檔案資料和環境保護等。

第 **5** 章
售後服務的送貨工作

企業為方便顧客購買笨重、體積大的商品，有必要提供送貨服務。為保證及時準確地將顧客購買的商品送到顧客手中，要制定一套送貨服務的工作規範及標準，並規範好送貨員及安裝人員的服務流程及要求。

第一節　送貨服務的工作規範

當顧客購買笨重、體積龐大的商品，或一次購買量很多，自行攜帶不便，或其他有特殊困難（如殘疾人）不便搬運時，企業均有提供送貨服務的必要。

送貨的形式包括自營送貨和代營送貨。自營送貨由銷售公司使用自己的人力和設備進行該項服務，代營送貨則是銷售公司委託有固定關係的運輸單位進行代理服務。送貨對一個企業來說並不是十分困難的事情，但它卻大大方便了顧客，為顧客解決了實際困難，為爭取「回頭客」打下良好基礎。

一、送貨前的準備要點

　　為了保證及時準確地將顧客購買的貨物運送出去，銷售企業必須做好送貨的準備工作，送貨準備工作由貨物的儲存和包裝兩部份組成。

1. 貨物儲存

　　在商品銷售活動中，貨物儲存方式一般有兩種，一種是儲存在本企業的倉庫裏；另一種是儲存在企業租用的倉庫裏。如果貨物是儲存在本企業的倉庫裏，則由專人管理，送貨員只需按顧客購買要求，從倉庫裏提貨發運即可，流程比較簡單。若是儲存在租用的倉庫裏，則流程相對比較複雜。

2. 貨物包裝

　　貨物發送過程中的包裝，主要是為了方便運輸而進行的包裝，這種包裝又稱為運輸包裝或外包裝，其目的在於保護商品，提高運輸效率。銷售企業在貨物正式發送之前，必須對商品進行保護性包裝。

3. 運輸包裝必須起真正保護商品的作用

　　這種包裝應具備防潮、防熱、避免震損、遮光等功能。當然，包裝材料應視不同商品的特性進行選擇，不必強求千篇一律。例如，有些商品可用紙箱進行運輸，那就不必採用木制箱或金屬箱包裝。

4. 商品包裝的選擇應注意節約原則

　　現代商品包裝費用在商品銷售費用中所佔比例越來越大，成為商品價格的重要組成部份，為保證商品價格的競爭優勢，銷售企業

應特別注意降低包括包裝費在內的各種費用。因此，銷售企業在貨物發送包裝時，在保證貨物運輸安全性的前提下，要儘量使用有利於降低成本的包裝材料。

二、送貨服務的原則

根據服務規範，服務單位在送貨過程中，應遵循以下原則：

1. 弄清地址

送貨途中一定要記住顧客的準確地址。貨物要小心保存，要輕搬輕放，防止散包和損壞。

2. 遵守承諾

在售貨服務進行之中，如有提供送貨服務，要有明文公告，或由營業員口頭告訴顧客。不論是明文公告還是口頭相告，均應將有相關的具體規定，諸如送貨區域、送貨時間等等一併告之對方，並且言出必行，認真兌現自己的承諾。

3. 專人負責

為顧客提供送貨服務，應當由指定的專人負責。在規模較大的銷售單位裏，往往需要組織專職的送貨員與送貨車輛。如請外單位人員負責代勞，應與之簽訂合約，以分清彼此的責任，並要求對方全心全意地做好此項工作。

4. 免收費用

正常情況下，服務單位為顧客所提供的送貨服務，是不應再額外加收任何費用的。倘若顧客對於送貨提出特定的要求，諸如，進行特殊包裝、連夜送貨上門等，可另外加收費用，但這一費用一經

議定，不得任意升降。

5. 按時送達

送貨上門，講究的是盡可能快。因此，服務單位通常應當盡一切可能，使自己的送貨服務當時或者當天進行。對已承諾的送貨時間，一定要嚴格遵守。若無特殊情況，必須在規定的時間內準時為顧客送貨到家。

6. 確保安全

在送貨上門的過程中，有關人員應採取一切必要措施，確保運送貨物的安全。假如在送貨期間貨物出現問題，應由銷售單位負責理賠。根據慣例，貨送到之後，應請顧客開箱驗收檢查，然後正式簽收。

7. 保質保量

送貨服務規範一般都會對所出售商品的品種、質量、數量、規格和型號等做出專門規定。銷售單位在向顧客送貨時，一定要按規範所規定的品種、規格、型號和數量、質量，辦理送貨事宜，特別是要保證數量和質量。

8. 講求節約

貨物運送所需費用是構成產品銷售成本的重要因素。如果運送費用過多，往往造成銷售利潤下降，因此，銷售單位要選擇合理的運輸路線和適當的運輸工具，並充分利用企業現有的運輸設備，努力減少人力、物力的消耗，降低貨物運送成本。

三、送貨服務的信賴性做法

送貨服務會影響顧客滿意度。下列是一家零售商制訂的送貨服務標準：

1. 訂貨

⑴我們會很快接聽你的電話。

⑵當你訂貨時，我們將同你商定一個交貨時間，並給你一個訂貨參考號。

2. 訂貨後

⑴如果我們不能達到某個時間要求，我們會在交貨的前一個工作日通知你。

⑵在送貨前一個工作日的下午 4：30 以後，我們可以為你提供預計到貨時間。

⑶我們為你提供了預計到貨時間後，會及時向你通報任何變動。

⑷如你對送貨有任何疑問或投訴，我們會在兩個工作日內作出答覆。

3. 送貨

⑴我們會在約定日期的具體營業時間將貨物送到指定地點。

⑵由於意外情況，約定送貨日期發生任何變動，我們都會預先和你磋商。

⑶由於某種原因，送貨低於約定數量，我們會事先和你磋商。

⑷我們會嚴守約定的送貨規定。

⑸保證任何送貨檔都清楚準確。

第二節　要制定送貨服務的標準

服務標準包括：送貨人員的行為舉止和語言規範；送貨車和設備的要求；工作技術方法、業務工作標準等。其具體體現為三大要素標準：人員、硬體和軟體。這三者相輔相成，缺一不可，共同構成「服務金三角」。

1. 確定服務標準因素

所謂的硬體標準，是指送貨服務的硬體展示標準。例如送貨車的車身清潔程度、送貨的包裝物情況、汽車運行質量等等。

所謂軟體標準，是指送貨服務的程序和系統性，它涉及服務的流程，包括具體的行為或動作及應該達到的程度。具體表現為向一個顧客送貨服務的時間標準。例如：普通送貨一般在多長時間完成，保證幾點前送到，保證幾個小時內可收貨。

所謂人員是指為顧客提供送貨到家的實現者，他們的服務精神，一言一行都會產生不同的服務效果。

第一，儀表。當讀者接觸到送貨服務人員時，服務人員的表現以及他們所營造的情緒、氣氛或形象都對服務產生影響。

第二，態度、肢體語言和語調。微笑、眼神、接觸、姿態以及聲勢和其他肢體語言都直接影響對顧客服務。公司必須有一個具體的、可觀測的指標來規範。

第三，得體。得體不僅包括如何發展資訊，還包括語言的選擇運用。因此在與顧客打交道的過程中，必須按規範的服務語言，而

不能想怎麼說就怎麼說。

2.分解服務過程

改進服務標準的第一步就是要分解公司送貨的服務過程，也就是把從顧客要求送貨到接受貨品所經歷的服務過程細化、再細化，放大、再放大，從中找出影響顧客的每一個要素。我們可以用「服務圈」的方法來分解送貨的服務過程，也就是說用一個圓圈畫出服務的「關鍵時刻」和「關鍵步驟」。通過圖表解剖送貨服務的過程，從而找出關鍵所在。

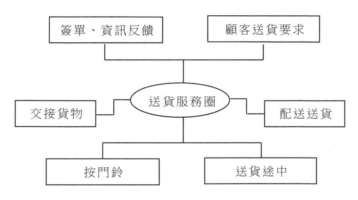

3.找出每個細節的關鍵因素

在上個步驟裏，我們已知道運用「服務圈」的方法可以分解送貨服務的過程。在這個步驟中，我們要找出每個細節的關鍵因素。例如說：在以上服務圈中，顧客等待送貨時，他們希望送貨快捷方便、在約定的時間內送貨上門。也就是說，在這個環節中，快捷、顧客清楚目前貨物的所在是這個環節中的關鍵因素。這幾個關鍵因素同時涉及到服務金三角——人員、硬體、軟體三個方面。這就需要對每個細節作影響分析。

4.把「關鍵因素」轉化為服務標準

我們要把影響讀者服務體驗的關鍵因素標準化、具體化，具體到「服務圈」裏的每一個細節中去。例如上面的例子，要將顧客的要求具體化到人員、軟體和硬體中去。顧客要求快捷和清楚知道貨物所在。送貨要求人員在上一家就要打電話給顧客，告知客戶你的地點、路線和需要的時間，說明貨車的標誌。通過不同的過程轉化為服務標準，這樣能更加明確傳遞公司的資訊，提高公司的形象。

📢)) 第三節　送貨員的服務工作要求

1.態度要求

一顧客通過以舊換新的方式購買了一台電冰箱，約定次日中午送貨上門。第二天中午，貨送到了。司機一進門就不高興地說：「快點，我們還沒吃飯呢！」兩個裝卸工也跟著嘮叨起來。一聽說換下來的舊電冰箱還要到旁邊的樓房去取，司機更煩了：「都像你這樣我們別吃飯了，我們給你搬家呢？！」顧客反駁道：「你們是否吃飯不關我的事，搬家找搬家公司，犯不著找你們。」雖然最後電冰箱給拿走了，但顧客心裡總覺得不舒服。

在送貨協議中約定的送貨時間顯然是雙方認可的，如果送貨的員工認為吃飯比送貨重要，或是覺得吃完了午飯才能有力氣送貨，那麼當時就不要做出中午送貨的承諾。既然已經承諾了，就必須兌現，不要在服務過程中向顧客提意見，更不該把著急吃飯的情緒轉嫁給顧客。顧客沒有義務承擔員工的怨氣。顧客在交易中是付了錢

的，有權要求享受服務結果。員工的服務應該是心甘情願的。

2. 道德要求

一顧客買了 80 個女式背包，準備作為禮品在公司開會時發放。本定好次日送貨，可顧客第二天來商場時卻被告知沒車送貨，如顧客著急，可自己打車將貨拉走。顧客看著兩大箱東西，非常不高興，本來說好送貨的，怎麼又變卦了呢？在顧客的要求下，員工幫忙把兩個大箱子送到馬路邊，由於箱底封得不結實，包從箱底掉了出來。顧客只好一個一個撿起來往箱子裏裝，越裝，心中的氣越不打一處來。

本來說好了第二天送貨，結果沒有送，這是商場的不對，一定要設法彌補。在實在無法調到車輛的情況下，讓顧客打車提貨也不失為一種辦法，但是，前提是商場應該承擔顧客打車的費用。因為原定的送貨屬於分內服務，顧客已經為此支付了費用，那麼在商場無法履行責任的時候，就要承擔顧客由此造成的損失，否則顧客受到的損失豈不是雙重的嗎？

另外，為方便顧客搬運，員工幫助顧客打包，這種服務意識是對的，但是，由於沒有考慮到顧客在搬運過程中可能出現的情況，而使包裝工作流於形式。零售企業的商品包裝應想到防水、防擠壓、防震動等許多因素。

3. 語言要求

一顧客買了一台大螢幕電視機。送貨時正好趕上下雨，送貨的員工一邊搬運一邊抱怨：「沒事買這麼大電視機幹什麼，下雨天的，多不好搬呀……」。顧客聽後非常生氣：下不下雨關我什麼事？買這麼大的電視機難道犯法嗎？

買什麼樣的商品是顧客的權利，什麼時候送貨是雙方的事先約定，因為遇到了下雨等惡劣天氣而責難顧客，是毫無道理的。

在消費品市場繁榮的今天，顧客選擇了在你們商場購買電視機這類價值較高的耐用消費品，足見其對你們的信賴，對此，你們感謝還來不及，那有抱怨的道理？確實，從表面上看，顧客買了商品，送貨的人和賣貨的人都不能直接從顧客手中獲得回報，但這筆銷售收入會通過正常的流轉，變成企業的利潤，最終將有一部份以分配的形式返還到員工手上。把這個道理想通了，員工還會埋怨顧客買大電視機嗎？

🔊 第四節　送貨員的工作要求內容

售後服務的送貨管理是企業售後服務管理的重要一環。現代商業競爭激烈，企業紛紛借助服務牌——送貨上門來提高顧客滿意，例如建立服務核心競爭力。企業在送貨管理中投入了巨大的精力，建立資訊系統、運輸物流系統、倉儲管理系統等支援項目。企業如此投入，無非是為了提升企業的服務能力。售後服務管理中的送貨工作便是企業傳遞資訊、兌現承諾、提高顧客滿意度的重要途徑。送貨工作中重要的旗幟便是送貨員，送貨員的工作直接影響到顧客對公司的看法。因此，有必要輔導送貨員的各方面知識、能力和技巧，提高送貨員素質。企業需要指導送貨員的工作內容有：

1. 送貨員的基本知識指導

送貨員要瞭解公司的歷史、熟知公司的文化理念、銷售政策，

尤其要熟知公司的服務內容、服務要求、管理模式。在產品方面，送貨員要熟悉產品運輸包裝要求和一般的產品質量判斷標準。對於需要安裝和調試的產品，技術送貨員要熟悉產品的性能、產品安裝、操作演示方面的知識。

2.送貨員的地理交通指導

這部份是指導送貨員熟悉管轄地區的地理環境、交通路線、交通狀況等。對於經常要送貨的客戶，送貨員需要熟悉重要客戶的位址及其基本情況。送貨員要熟悉汽車一般故障的排除，以防止意外，提高工作效率。企業要指導送貨員交通知識，不得違章駕駛（因違反交通規則在被扣留時，將對很多客戶失去信譽）。不得公車私用。

3.送貨員的收款指導

這是為貨到付款的工作做準備。企業要求收款員不得次日交款。做到當日手續當日清，貨款不要帶到家中。

4.送貨員的送貨要求指導

⑴不得多送一戶。送貨線路是根據入網客戶的分佈分別編排的。只有編排進某一送貨線路的客戶，送貨員才能夠對其進行送貨，否則的話，送貨的秩序就會被打亂。

⑵不得多送一件。某一客戶訂貨多少數量，送貨員就送多少數量。

⑶不得少到一戶。訂貨時客戶要得再少，也必須按時按量送到。

第五節　送貨前的檢查事項

送貨工作是份嚴謹、細心的工作。一旦貨品出錯、中途出現些小問題，就會對顧客會造成不必要的麻煩。這樣也有損企業形象和顧客滿意度，影響日後的銷售。企業要制定嚴謹的送貨售後服務流程和規定。售後服務手冊中，要列舉出在送貨前送貨員應該檢查那些項目、檢查的原則、處理方法。送貨員也應按照這種規定一絲不苟地去做。一般送貨前的準備內容有：

1. 檢查車輛問題

送貨前檢查車輛，目的是瞭解車輛是否能安全、準時到達目的地。例如檢查汽油量、車胎、剎車等內容。還要包括車身，主要是檢查是否破損、髒汙，是否會破壞企業形象。

2. 聯繫客戶

確認送貨單中客戶資訊的正確性。在送貨前，打電話和客戶確認是事先約定的時間和送貨地點，並告知送貨的大概路線和時間，讓客戶心中有數。中途若有變化，須及時告知後勤部更改。

3. 檢查送貨的商品是否跟訂單列明一致

開始裝貨清點貨品，確認商品名、數量是否與訂單列明的資訊相一致，檢查商品保護的完好程度，看其是否採用了符合要求的運輸包裝。

4. 單據是否整齊

送達顧客的單據一般包括：財務處開的發票、後勤部的送貨單，

可能還包括營銷部的售後服務手冊、資訊卡、優惠卡、會員卡等。

送貨員按規定將需提交給顧客的單據、材料一併帶齊。自我檢查儀容、儀表是否符合公司要求。例如聯邦快遞，貨品傳遞員的衣著、儀表都有特別的要求。有工作裝的，要穿工裝；沒有的話，穿普通的正裝，不可花俏，衣著要整齊。

第六節　送貨的工作流程

送貨員的工作便是按照營銷部收到的送貨訂單將貨品準時地送到規定的客戶手中。

送貨工作的程序是按照商品的流動方向而設置，中間要經過多個部門。工作程序主要是在流程的關鍵點做好交接工作，具體流程如下：

1. 營銷部下單給後勤部和財務部

營銷部按照客戶要求的時間、地點以及商品的購買訂單和送貨要求下單給後勤部和財務部。由後勤部按照商品出貨，列印送貨單，交由倉庫提貨；最後由財務處開具商品發票。

2. 送貨員制定合理的送貨路線

劃分送貨區域，要根據路線上顧客的分佈情況、行車時間、送貨里程、交通狀況、送貨數量、電子結算等多種因素綜合精確測算，制定一條路況較好且路途最短的路線，避免走回頭路，盡可能地節約時間。送貨員早上應儘量提前出發，按制定好的路線，並先與客戶電話聯繫確認時間和地點，以便顧客做好收貨的準備，從而避免

不必要的時間損耗，提高送貨效率。

3. 倉庫按照送貨單提取貨品

要按照送貨路線上顧客的先後順序分揀，這樣有利於送貨員提高裝車速度，也方便送貨時給顧客提貨，有利於提高工作效率。

每個工作日，送貨員必須於當天規定的時間到儲配部裝貨，認真履行與分揀中心的貨物交接手續，確保送貨小組能開始正常送貨業務。根據送貨線路上顧客遠近的順序，貨品安排從車廂內部到車廂外部，方便貨品移動。貨品安排上車時確認貨品是否與送貨的商品名、數量、包裝程度相符合。

4. 送貨員與客戶交接貨品，做好登記

送貨員每到一處，必須保證精神狀態良好，言行禮貌熱情，有耐心。送貨員必須與顧客認真地進行貨品交接，確認商品名、數量、商品保護的完好程度，並履行好錢款支付手續，確保不出差錯。送貨員服務完畢後，都要在顧客的《客戶服務手冊》和送貨單上簽字確認。對於客戶提出的問題和意見認真地搜集整理，能圓滿答覆的當場解決，不能解決的則及時向上級管理人員反饋。涉及到其他「三員」（客戶經理、市場稽查員、電文訪員）的問題，則通過「三線互控單」進行溝通。

5. 回公司交接送貨單和貨款

一條送貨路線回來後，一定要回公司辦理交接手續，將送貨單、貨款、回執聯等提交給後勤部和財務處，不可回家後隔天交接。送貨員有收集到顧客反饋資訊時要反映給市場部或銷售部等有關人員處理。

第七節 大件商品送貨入門管理辦法

　　積極做好商品售後服務工作，建立大件商品送貨入門服務，樹立良好的售後服務信譽，落實「送貨入門」的服務承諾。

第一章　總則

　　第一條　送貨部應認真落實公司「大件商品 30 公里免費送貨入戶」的服務承諾，堅持規範的服務標準，保證及時、準確的送達商品。

　　第二條　凡本商城所售大件商品，售後送貨服務均由送貨部負責統一調配承送，統一向公司財務部結算送貨費用。各櫃組、商場無權直接發送應承送的大件商品，否則，所發生費用，財務部不受理。

第二章　流程

　　第三條　凡商場所售大件商品，營業員在售貨時應如實向顧客告知本公司《大件商品 30 公里免費送貨規定》，請顧客認真閱讀《商品送貨單》背頁「顧客須知」，並由顧客在《商品送貨單》上簽名。

　　第四條　各單位人員應執行工作如下：

　　1. 營業員。幫助顧客選定所需大件家電商品的牌號、型號、規格後，填制《繳款單》交顧客到收銀台繳款，並查驗繳款單無誤後，開據《購貨票據》及《庫房提貨單》。顧客到送貨部設在庫房外的驗貨處辦理驗貨調試手續；

　　2. 送貨部驗貨處。接到顧客的《購貨票據》及《庫房提貨單》

查驗無誤後，持《庫房提貨單》提出商品，幫助顧客調試查驗滿意後，將商品送至送貨部辦理送貨手續；

3.送貨部。開出《商品送貨單》一式四聯(第①聯存根，第②聯交送貨員，第③聯交顧客，第④聯粘貼包裝箱上)安排送貨車輛、人員；

4.送貨員。將商品送達顧客家中，由顧客查驗無誤後在送貨員所持的第②聯簽字收訖，並由送貨員簽字後交回送貨部登記。

如果顧客自運商品，則辦理完結後，由驗貨處幫助顧客將商品送至商場門口並裝上客戶車輛。

第三章　服務標準

第五條　大件商品 30 公里以內免費送貨。30 公里以外每公里收 50 元運費。送貨途中如果高速公路管理費、過橋費、公路費及社區進門費等均由顧客自理，收費條款應有禮貌的向客戶說明。

第六條　送達時限。市區以內 12 小時送貨入戶，城外 48 小時送貨入戶；郊區 72 小時送貨入戶。送貨前送貨部須與顧客聯繫，約定送貨時間。

第七條　送貨人員必須主動、熱情地為顧客服務。按時送達商品，交接無誤。確屬客觀原因不能按時送達的商品，要與顧客及時取得聯繫，說明情況，取得顧客諒解。

第八條　送貨人員要樹立「安全第一、服務第一」，商品要輕裝輕卸，輕搬輕放，防止碰撞，保持商品完好無損。

第九條　入戶要禮貌，不拿、不要顧客任何物品，不吃請、不隨意進入放置商品以外的房間。嚴禁送貨人員私收和索要任何費用。

第四章 核算管理

第十條 賣場所售出的大件商品送貨費用，由送貨部統一審核報銷。送貨部實行計件承包制（具體細則另定）。

第十一條 每月 20 日財務部根據送貨部編制的「送貨統計表」和送貨單據，向送貨部結算送貨費用。

第十二條 財務部按所送商品資料，審結送貨費用並列記錄；送貨中收入的各類費用在核算前，由送貨部交財務部統一入帳；人員工資及其他費用由送貨部編制費用單，經財務部審核出帳。

第五章 罰則

第十三條 賣場人員應嚴格落實公司「大件商品公里免費送貨規定」，盡職盡責地做好售後服務工作，努力創建服務形象。

凡在售後送貨服務中有下列情形之一者，公司將給予處罰：

1. 賣場人員未如實告知顧客公司大件商品「免費送貨」有關規定及送貨單背頁「顧客須知」內容，或私自許諾送貨內容並造成顧客投訴者，每次罰款××元，並扣罰營業員及商場考核分數。

2. 賣場人員私自將所售大件商品配發給零售商送貨者，按每件商品罰款××元，同時罰款××元，同時扣罰營業員及商場考核。

第十四條 送貨部人員凡在送貨服務中有下列情形之一者，將給予處罰：

1. 商品人員未核單據、貨物，造成商品承送遺漏；或承送人員漏裝商品造成送貨延誤者，按每件商品每延誤一天，罰款××元。

2. 凡拒收、拒送符合承送規定的大件商品者，罰款××元。

3. 不聽從調度，私載商品、擅自用車罰款××元。

4. 錯送商品入戶者，罰款××元。

5. 向顧客私自索要財物、吃請客者，罰款××元。

6. 向顧客索要電話費、上樓費者，罰款××元。

7. 丟失商品照價賠償，損壞商品按折損零件價值賠償。

8. 未經顧客許可，把商品放置樓下而不入戶者，罰款××元。

以上的罰款，均由送貨部單位檢查、落實，並開出罰款單，由過失責任人向公司財務繳納。

第六章　其他

第十五條　送貨部根據送貨服務的實際情況，在「統一安排，合理調配，團結協作，遵章操作」的原則下，把零星送貨人員納入公司整體管理中，加強監督檢查。

第 *6* 章
售後服務的安裝工作

　　安裝服務不僅能免除顧客自行安裝之勞，方便顧客使用，還可避免顧客因不熟悉商品性能和安裝方法而安裝不當造成的不良後果，有利於日後減輕企業在維修上的負擔。

第一節　送達後的安裝服務

　　對於使用前需要裝配安放，且安裝時對技術性要求又較高的商品，如冷氣機、熱水器、吊扇等，企業應根據具體情況，為顧客提供上門安裝服務。

　　安裝服務不僅能免除顧客自行安裝之勞，方便顧客使用，還可避免顧客因不熟悉商品性能和安裝方法而安裝不當造成的一系列不良後果，有利於日後減輕企業在維修上的負擔。

一、安裝人員的基本修養

1. 良好的道德品質

安裝人員首先要有為顧客服務的良好意識。要珍惜顧客的信任

和支援，耐心解釋和回答顧客提出的疑問，在保證安裝質量的前提下，為顧客精打細算，以真誠來回報顧客的信任和支援。

2.熟練的安裝技術

安裝人員應該掌握所售商品設備的基礎理論和工作原理；瞭解所售商品的性能特性，能夠根據外在現象查找和判斷故障原因，提出調整方案；熟悉各種易損件和零配件的性能以及它們的替換品；掌握設備安裝後的性能測試和質量檢測技術。

3.一定的經營管理經驗

安裝人員要具備一定的經營服務和管理知識，包括人員的管理和配置、安裝質量管理、設備的安全使用和安全操作知識，以及成本核算、費用計算等方面的知識。

二、安裝人員的服務規範

1.安裝服務的任務

安裝服務的任務就是要對企業售出的商品進行安裝和售後的使用指導。目的是維護商品消費者的合法權益，使消費者能夠合理、經濟、有效、安全地使用設備。

安裝服務的基本職能包括有兩方面：

首先，安裝人員有義務向商品使用者提供設備在用途、性能、結構、規格、使用及安裝方法等方面的技術指導，有責任回答使用者有關維護保養、使用方法等方面的諮詢。

其次，安裝人員能確認故障原因，提出調整與維修方案，以保證商品的正常使用。

2.安裝服務的規範

⑴安裝人員根據派工單位先與用戶聯繫，約定具體上門時間。

⑵按約定的時間準時上門服務。

⑶上門服務人員必須衣冠整潔，具備從業資格，同時佩戴工作證。

⑷服務人員到用戶家應輕輕敲門或按門鈴，用戶開門後應禮貌問候，並向用戶出示自己的證件，經用戶同意後方能進門。

⑸在用戶家裏不要隨意走動，東張西望。

⑹熱情主動地與用戶進行交流，選擇安裝的位置，應徵求用戶同意，應主動向用戶介紹機器性能、使用方法及保養常識。

⑺如果用戶沒有按說明書的操作方式操作，而導致商品出故障，不要當面責怪用戶，應耐心加以指導和解釋。

⑻搬運商品應輕搬輕放，不要弄髒或損壞。

⑼安裝維修工具要放在自備的專用墊布上，以免弄髒地板。安裝時，請不要隨便拖動以免刮花地板。打孔施工前應有專用蓋布將用戶不易移動的床、家具蓋嚴密，以免弄髒。

⑽安裝完畢，幫用戶把安裝垃圾打掃乾淨，並將商品擦乾淨。

⑾服務人員不准向用戶索取額外的費用，若要收取合理的費用，應向用戶作出解釋，並徵得用戶的同意。

⑿對用戶的特殊要求，應耐心傾聽，作出明確或合理的解釋。

⒀服務完畢，認真填寫安裝憑證單，請用戶簽字，並向用戶重申服務電話，再禮貌地告別。

三、安裝人員的安全知識

安裝必須保證人身和設備安全，商品安裝的基本安全要求是：

1. 商品的安裝必須由經過培訓的專業安裝人員進行安裝。

2. 進行電氣作業時，必須同時參照產品說明書及機器內粘貼的電氣線路圖，查明實物正確無誤後才能進行。

3. 若所售商品是電器時，應配有足夠容量的專用電源、電源線，線路上應配有斷路保護器和總開關。

4. 凡屬二樓以上室外機的安裝、維修，均應繫安全帶，安全帶另一端應固牢，以防墜落。

5. 安裝設備時，應注意防止維修工具或配件跌落，以免砸傷室內用品和室外行人。

6. 帶電進行線路檢查時，應防止發生觸電事故。檢查電容器時，應先給電容器放電，以防觸電。

7. 更換電器配件時，應斷開設備電源，以防觸電。

四、安裝服務的注意要點

按照服務禮儀的具體規範，企業為顧客提供安裝服務時，主要要點如下：

1. 約期前往

向顧客提供安裝服務，務必要在雙方預先約定的時限之內按時進行。切勿一拖再拖，反覆延誤，甚至毀約不再負責安裝。如果那

樣做，就侵害了消費者權益。

2. 免收費用

一般而言，銷售單位為顧客提供安裝服務，是應盡的義務，因此客觀上是不應收取任何費用的。有關經辦人員在上門進行安裝時，不得以任何方式加收費用或者進行變相收費。

3. 煙酒不沾

安裝人員上門進行服務時，不准要吃要喝，不准私自索取財物，尤其是不准要脅顧客。

4. 安裝標準

為顧客所進行的安裝服務，不但要由專業技術人員負責，而且在具體操作時，亦須嚴守有關標準。不合標準而隨意安裝，或是在安裝時偷工減料，都是不允許的。

5. 當場調試

正式安裝完畢後，應當場進行調試，並向顧客具體說明使用過程中的注意事項，並且要認真答覆對方的詢問。調試無誤之後，應由對方正式簽收。

6. 定期訪查

對於本單位負責安裝的商品服務，應本著對顧客負責到底的精神，事後要定期訪查，以便為顧客減少後顧之憂。

📢 第二節　摩托車的「三包」售後服務

為了讓公司員工明白「三包」售後服務，提高公司的服務品質和水準，提同員工工作效率，特制定本辦法：

1. 「三包」原則及範圍

①「三包「原則。

a.摩托車整車合格出廠後，自開發票之日起在一年內並行駛里程在 6000 公里內(兩者其中一項達到即「三包」失效)，凡因製造或裝配品質問題影響產品完整性和使用性的，均由本公司實行「三包」。

b.橡膠件、燈泡、電器元件、離合器摩擦片、制動器摩擦片、塑膠件、輪胎等易損件，「三包」期為 3 個月內並行駛 3000 公里內。

c.「三包」應以修理調整為主，修理調整後仍達不到要求的，應予更換零件；更換零件後仍達不到技術要求，應報公司「三包」服務部(組)由技術人員進行技術鑑定。如符合「摩托車商品修理更換退貨責任實施細則」有關規定換、退車處理範圍的，報請分廠經理審批後執行更換、退貨手續。

d.「三包」處理所需零件，生產供應部門應優先保證供應。

②「三包」範圍。

凡有下列情況之一者，均不屬「三包」範圍：

a.超過「三包」期限或行駛里程之一者。

b.因用戶使用不當，保管不嚴，未按規定進行定期保養而引起的故障。

c. 因用戶自行拆修而無法做出技術鑑定者。

d. 用戶自行拆修導致零件損壞、遺失、錯裝、漏裝者。

e. 由於用戶使用時碰、擦引起的碎裂、變形、折斷及外觀、油漆、電鍍等損傷者。

f. 因經銷和運輸部門的管理、運輸、裝卸中造成污染、黴爛、銹蝕、短少、磕碰和損壞等引起的缺陷(包括附件、隨車工具等)。

g. 一次性處理的產品。

h. 本廠出售的維修用零件。

i. 因不可抗拒力造成損壞的。

j. 不能提供有效「三包」憑證或自行塗改的「三包」憑證及「三包」憑證上產品型號、車架號、發動機號不符的摩托車。

2.「三包」手續

①銷售單位手續。

a. 銷售單位收貨後應及時檢查驗收，如發現品質問題，應在 15 天內向製造廠家書面提出驗收結果和意見，製造廠家收到驗收函件後在 15 天內答覆處理。經營單位對處理意見有異議，必須在 15 天內再次提出，逾期視作處理完畢。

b. 接受「三包」時，應查驗並如實登記用戶姓名、位址、聯繫電話及發票、合格證、保修卡。核查確認屬於「三包」範圍的，即按「三包」規定實施「三包」，不屬「三包」範圍內，用戶要求維修時應給予維修，費用由用戶自理。

c. 須更換整車和發動機時，應預先函告製造廠家，取得同意後方可辦理更換手續。

d. 在遇有大批量品質問題或重大品質事故時，應及時通知製造

廠家會同處理。

e.用戶到銷售單位或特約技術服務部實行「三包」時,「三包」技術服務單位必須詳細填寫「三包」保修卡、信息回饋卡,每月定期交公司「三包」組統計歸檔。

f.「三包」所需零件由製造廠家調換供應,「三包」單位換下的零件,應按編號掛上標籤,註明發動機號、車架號、更換日期、故障內容,以便向製造廠家結算或調換。

②用戶辦理「三包」手續。

a.若在「三包」期內,用戶發現產品有品質問題,應憑產品合格證、購貨發票、保修卡向購車單位或就近特約技術服務部申請處理。經技術鑑定確屬「三包」範圍後,方可實施「三包」。

b.對故障責任結論有不同意見的用戶,可函告公司「三包」服務組處理(函告內容:用戶姓名、地址、車型、發動機號、車架號、出廠日期、檢驗代號、故障內容或具體部位)。

c.在「三包」期內發生品質事故,應立即向銷售單位或就近特約服務部或公司技術服務部反映,並保持現狀和損壞零件,不得隨意拆卸。

d 反映品質問題必須實事求是,除特殊情況外,請用信函、傳真方法反映(不宜採取電話形式),以便公司查詢歸檔。

3.「三包」責任

①屬於零配件品質問題,在「三包」維修期內換下的零件按「三包」原則由製造廠家承擔。

②因經營和運輸部門保管、運輸不妥而造成的損失,由責任部門負責賠償。

③因使用不當和保養不善造成的品質問題，由用戶負擔。

④因品質問題而造成的停車(停用)的間接損失及用戶的差旅費和運輸費等，公司一律不予承擔。

⑤「三包」期用戶發現品質問題而未及時反映，繼續使用造成品質故障擴大者，擴大損害部份應由用戶自行負責。

⑥由於配套協作件品質問題出現的故障，「三包」後由製造廠家向協作廠調換或索賠。

第三節　送貨上門後的產品使用指導

由於商品的特點，比如說產品體形大、重，產品技術含量高，需要技術人員安裝或指導等，一些商品是需要上門企業派技術人員專門對客戶進行培訓指導的。有些顧客可能對商品的使用或其他事項比較陌生，特別提出需要技術人員上門指導。企業應根據產品性質、顧客要求，安排相關人員送貨上門，並進行服務指導。

在商業活動中，企業接受的送貨上門服務指導的內容有商品的使用指導、技術指導、維護指導、服務指導等。具體的內容介紹如下：

1. 產品的使用指導

產品的使用指導是技術人員講解產品的使用材料、操作程序、注意事項等，有時需要實際操作一遍給顧客學習。技術人員在指導顧客使用過程中，一般採用非技術性語言、口語化的表達來演示產品的使用流程。產品的使用指導有利於教會顧客使用產品，喜歡企

業的產品，也有利於延長產品的使用壽命。微波爐剛在國內上市，顧客都不瞭解微波爐需要怎麼操作、時間控制如何，同時擔心是不是安全，會不會爆炸等。所以新產品一般都需要送貨人員進行使用指導。

2. 產品的技術指導

對於技術含量高的產品，特別是工業性質的產品，企業需要派專業人員進行技術培訓。技術指導的內容主要是針對產品的機械傳動原理、電路運作原理、操作步驟、材料使用控制等等。技術指導是工業機械或生產線售後服務的重要內容。比如，維柴發電機在銷售給顧客後，需要技術人員指導發電機的機械原理，電線接駁，電壓錶、電流錶、週波錶的觀察、油量控制等技術問題。

3. 產品的維護指導

產品的維護指導是指技術人員指導顧客在使用產品過程中的一般清洗、日常維護、定期檢修和更換一些易耗零件。維護指導主要是為了延長產品的使用壽命，教會顧客學會自我維護產品性能。例如，汽車的日常維護很重要，這給汽車正常使用帶來很大的好處。如汽車在不同的氣溫下要注意點火操作，汽車的某些機械部份需正確維護等。

4. 求助服務指導

求助服務指導是培訓顧客在自身無法解決問題時，通過什麼途徑，如何將產品的問題準確傳遞給企業技術人員。技術人員告知顧客服務的內容、求助方式和時間、收費情況。

◀))) 第四節　試機員的售後服務守則

　　客戶到商場選購電器商品一旦成交後，商場將該商品交予客戶之時，店員應將商品予以試機，當場測試，證明機器性能良好，再交予客戶。試機員的工作任務，就是現場執行該項商品的試機工作。

一、試機員的工作流程

　　1. 顧客付款後，與售貨員一同確認顧客和要提的貨物明細（如：規格、顏色、數量、品種、款式等）。

　　2. 確認完畢後，與顧客禮貌地打招呼「您稍等，我為您服務。」然後持「提貨聯」去庫房提貨。

　　3. 在提貨時，應與庫房保管再次確認貨物明細，嚴禁提錯，同時注意不要讓顧客跟隨到庫房內。在庫房內嚴格遵守庫房的各項管理制度，服從庫管員的指揮。

　　4. 提出貨物後應說：「這是您買的商品，請您看一下」，並再一次與顧客核對貨物的明細，查驗顧客手中的單據（「保修憑證聯」），核對準確無誤後，將貨物運往試機處開始試機工作。

　　5. 在開箱前，應提醒顧客注意外包裝質量，取得顧客認可後方可開箱驗機，以免造成不必要的麻煩。

　　6. 開箱後，應首先檢查商品的外觀是否受損，有損傷時，請與顧客講明，徵求顧客意見，該換則換，不影響大局的小損傷可與顧

客解釋或請售貨員一起商定，給予一定的折扣，讓顧客滿意，如遇特殊情況報主管負責人審定。無損傷時，請按箱內的裝箱單與顧客一起清點箱內物件，確認無誤後，開始試機。

7.試機時，一定要嚴格按要求和規定進行試機操作，要求邊操作演示邊向顧客解釋說明，做到言簡意賅，通俗易通；動作輕巧而熟練。對一些特別的功能和操作要重點說明，對於顧客的提問要準確予以回答，同時還要向顧客宣傳在使用過程中的注意事項和維護保養常識。例如：顧客買影碟機時要提醒他們注意防塵，不要將散熱窗口堵住。

8.等顧客滿意後，請說：「您覺得滿意，我就給您打包了」，關機後，填寫保修單，要注意註明機型、機號、保修期限、試機時間和試機員自己的工號。在機上適當位置貼好「產品保修標誌」，並囑告顧客保修原則和有關規定。必要時可留下顧客姓名、地址和聯繫電話。

9.裝箱：清點物件，整理好內包裝後，裝箱打包。

10.聯繫送貨上門事宜。與送貨工一起搬運貨物上車，並與顧客道別：「感謝您，歡迎您下次再來，再見！」，同時提醒顧客別忘了隨身帶來的物品，並請求顧客留下寶貴意見。

二、試機員的服務守則

1.在整個試機服務過程中應時刻牢記：我是整個企業服務過程的最後一個至關重要的環節，可能由於我的一點疏忽和大意，就會引起顧客的不滿和抱怨，從而使得前面許多人所付出的辛苦和努力

都付之東流。

2. 在服務過程中要舉止文雅，談吐大方。解釋問題清晰明瞭，言語精練而易懂，體現「本企業」的良好服務作風。

3. 在服務過程中要使用文明禮貌用語：

⑴請問，這是那位顧客的××（貨物品）？

⑵請注意看清楚，我給您操作演示。

⑶對不起，我正忙，您能稍等一下嗎？

⑷這問題，您如果沒聽明白我可以再說一遍。

⑸真對不起，這個問題我不太清楚，不過我可以幫您問問。

⑹客人比較多，體諒一下，沒有什麼大問題，我就裝箱打包了，再有什麼疑問可看看說明書，或再打電話詢問，真抱歉！

⑺真對不起，這件商品有點問題，您稍等一下，我給您調換一下。

⑻請按順序排隊。

⑼您如果不滿意，歡迎提意見，這是您的權利。

⑽謝謝您的光臨，歡迎下次再來，請慢走。

4. 在服務過程中禁用語言

⑴嘿！這是誰的東西？

⑵有完沒完，差不多就行了。

⑶沒看我正忙著，著什麼急

⑷剛才和你說過了怎麼還問？（不是告訴你了嗎，怎麼還不明白？）

⑸這個我不知道，您回去看看說明書吧。

⑹快點吧，後面還有好多人等著呢。

⑺這點不算毛病，你湊合用吧！

⑻這個問題我解決不了，你願找誰找誰去！

⑼有啥好試的，這東西沒什麼可挑的，你拿回去用吧，有問題再來。

⑽真麻煩，好了沒有，我要裝箱了。

　5. 在服務過程中，「一切要讓顧客滿意」。遇到自己無法解決的問題，不要搪塞、推諉，要及時尋找有關負責人協助解決。

第 7 章
售後服務的產品維修工作

　　企業要規範好售後服務工作流程及服務守則，相應制定出顧客送修故障品的接待流程及售後服務上門維修的管理辦法、工作重點。

第一節　顧客送故障品來交修的流程

　　當顧客將待修的商品交給維修人員時，維修人員與顧客間的售後服務關係就建立了。維修人員要按照一般門市接待服務的流程禮貌接待顧客，完成設備維修的第一步。從某種意義上說，只有完成這一流程，才能真正開始商品的檢測與維修。

1. 檢測送修商品的故障

　　對顧客送修的商品，首先要進行外觀檢測，確認外觀是否有損傷，並瞭解外觀損傷與故障是否有關係。同時，仔細聽取用戶介紹故障出現的時間、現象特徵和使用情況。例如，故障是突然發生的，還是逐漸形成的；發生故障時有沒有外界因素和人為因素等。這些對判斷故障出現的部位和原因有重要作用。

　　經過外觀檢測和必要詢問之後，維修人員應該對故障的產生原

因作初步的判斷。

接著可根據具體設備進行專業檢測，例如啓動試驗，電試運轉等等，從而為確定故障現象和原因找到一定的依據。

經初檢後，如屬常規故障，可對故障原因作初步的判斷，但若是較為複雜的故障現象，還需要作進一步的檢查，這一點有可能需要留下設備才能實施。此時應徵得顧客同意，取得認同後，可請顧客將與故障內容無關的附件帶回。

2. 排除送修商品的故障

確定送修商品的故障後，應對故障的排除方法和維修方案，以書面或口頭的形式做出較為詳細的報告。維修人員可根據故障的具體情況提出一個初步的處理方法或維修方案，將這一方法以較為通俗的語言告知顧客，如維修過程中會對外觀造成損傷或對使用性能有影響，也要如實讓顧客知曉。徵得顧客的同意後才開始維修。若不能立即進行維修的，則應較為詳細地向顧客闡述維修方案。

一般來說，只對損壞零件進行修理調整或更換，對其他方面能有效使用的零件不做檢修稱為小修；除排除故障外，對商品各系統作一般性檢查，發現明顯缺陷進行調整和修理稱為中修；對設備進行全面徹底的檢修，排除各類潛在隱患，調整商品至最佳狀態稱為大修。另外，小修，中修和大修有時是相互轉換的，檢測時要對某一類或某一種故障現象進行綜合分析，做出客觀而實際的分析，選取確實可行的維修方案。

3. 對故障品的費用估測

維修費用包括成本和服務費兩方面內容。主要指零件費用、各種材料費用、工時費用、交通運輸費用和技術服務費用等。實際而

合理的維修預算是用戶選擇維修方案的重要條件。

　　維修服務所計算的成本主要有：所更換的零件費用，零配件的加工費用，消耗品和材料的費用，儀器或工具的折舊費，外出車船費及其他附加費用(特殊支出)等。當接收待維修的設備後，維修人員就根據檢測現象及要維修的項目，合理地為顧客估測維修費用，這種估測包含了維修成本和付出的報酬。但是，維修成本之外的報酬要按照當地物價部門的相關規定來收取，不應漫天要價，也不能以降低或控制成本為基礎，更不能偽稱故障謀取不義之財。

第二節　維修員上門維修的工作重點

　　在上門維修之前所瞭解的待修產品的故障信息，隨身攜帶的維修資料、工具、備件是否齊全以及時間安排是否妥當，往往就決定了此次上門維修是否能一次成功。以電視機產品為例，介紹上門維修電視機的基本技巧。

一、上門維修前要問清楚

1. 問清故障機型

　　首先使用電話或其他聯繫方法問清故障機的型號、使用時間的長短，是否保留了圖紙以及是否瞭解損壞原因等。瞭解這些是上門檢修工作重要的第一步。因為電視機品牌繁多，故障萬千，誰也不可能帶全所有電視機的資料與備件。

例如同一廠家出產的同一批電視機，他生產的機心可能使用了同一來源的零件，因此在以後的使用期間，極有可能出現同樣的故障現象，而造成故障的原因又是同一地方（電路）甚至是同一個零件。所以對於有經驗的維修人員來說，類似這樣的故障，上門前就可以有目標、有針對性地準備所帶的資料與備件，從而達到維修一次成功。

2. 問清故障現象

瞭解待修電視機是新機還是舊機，再結合故障現象，對上門維修電視機是有幫助的。例如：一台彩電偏色的故障，該故障對於新機來說，顯像管的問題一般來說不大，應從解碼電路、末級視放電視去檢修。而對於使用多年的舊機來說，顯像管的故障就佔有一定比例。再如使用了很多年的舊機容易出現零件老化、虛焊等故障。尤其是各電路中電解電容（特別是散熱片附近的電容）是造成各種故障的高發點。

3. 瞭解損壞原因

瞭解待修電視機損壞的原因，對上門維修電視機也是有幫助的。例如：如果客戶告訴你電視機是因雷擊或電壓而損壞，你就可以上門前著重準備開關穩壓電源和輸出電路的一些備件；若客戶告訴你自然損壞，你就要根據客戶提供的損壞後的故障現象，有目標地準備資料與備件。

另外，上門檢修電視機還要瞭解和考慮故障機是否與使用環境有直接的關係。例如：對於使用環境濕度較大的沿海、江湖等地區，和油煙較大的飯店等場合，就容易出現管座及線路板漏電，開關、可調電阻（電位器）接觸不良、中調失諧等故障。對於白天工作正常，

晚上或用電高峰不正常的，就應考慮電視機的開關穩壓電源是否有故障。

　　以上所說的要瞭解故障機的各種信息情況，目的就是使上門維修工作一次就能辦妥。

二、帶齊維修工具、資料與備件

　　有的維修工因為調中週的螺絲刀不夠小，硬是在水泥地上磨成，耽誤了許多時間。還有幾台彩電因主人室內射頻天線太短，使維修工作幾乎不能進行。因此上門維修該帶什麼，不該帶什麼，應該說是有講究的。一般來說，常備工具有如下幾種：

　　一塊較為實用的小型 MF50 萬用錶。為防止在檢修中電烙鐵的損壞，應另攜帶 35W、50W 的吸錫烙鐵各一把，同時在檢修開關穩壓電源時，50W 電烙鐵還可應急當假負載使用。焊錫、導線、砂紙、絕緣包布、保險絲若干。平口、梅花螺絲刀大、中、小各一把。尖嘴鉗、鑷子、小毛刷、40～60W 的白熾燈泡、帶線多孔插座各一隻。濃度為 95%以上的酒精一小瓶。有的家庭為了省電，室內光線很暗，不妨再帶一把手電筒。

　　至於上門所帶的資料與零件也要有選擇性。資料的選擇應根據待修電視機去選擇，或帶一本有代表性的彩電圖集。所帶零件應針對電視機或電視機最易出現故障的零件和常用的以及不易代替的零件，例如：電源開關管、光電耦合器、晶振(445、500KHZ)、三端穩壓器(LM7805、LM7812)；帶卡簧的高壓帽、逆程電阻以及大功率的電阻；中小功率的二級管和三級管。尤其是各種規格的電阻、電容、

二級管和三級管不妨多帶一點。因為它們需要的品種較多，且携帶時又不佔多少地方。為防止主人家的射頻天線太短，再帶一根 2 米左右的帶插頭的射頻線。

三、上門檢修電視機的應急措施

上門檢修電視機雖然有備而去的，但也難免有無相應零件的時候，這就要求維修人員能夠靈活地應急處理。如：在單獨檢修開關穩壓電源時，若無相應的零件替試，可臨時應急從掃描電路或其它電路取下所需的零件。同樣，在檢修掃描電路時，可從伴音或其它不相關的電路取下所需的零件。待修好後，再恢復上原電路與被替換零件的電路零件。例如，在檢修開關穩壓電路時，就不能從遙控電路中摘取替換零件。因為遙控電路控制著開關穩壓電源的工作，即它們兩電路之間有工作聯繫。

上門維修應多準備預防應急方法，例如：40W～60W 的白熾燈或50W～75W 的電烙鐵可當假負載使用（修開關穩壓電源時）。用導線的細銅絲或注射器針頭可拆下集成塊或多腳零件。回形針可製作高壓帽的卡簧。普通髮卡可作為小螺絲刀用來調中週。白熾燈泡頭上的焊錫可應急使用。高濃度的白酒可應急當清洗劑使用。電烙鐵給螺絲刀加熱，可取下不易拆下的塑料柱上的螺絲。三極管可代替二極管使用。兩隻分壓電阻可代替可調節的電阻（電位器），以及晶振的漏電，加速電位器損壞的應急處理等等。

第三節　售後維修的工作流程

售後維修部門必須責任明確，必須有一整套關於工作責任的制度，才能使工作更有效的展開。

1. 接聽報修電話

⑴流程

①接到外部門工作通知單後，先登記在冊；

②接到報修電話，記好報修時間、報修人姓名，填寫維修單；

③屬緊急維修，電話通知迅速到現場處理。

⑵標準

接到報修後，要完整記錄維修地點、維修內容，並在 5 分鐘內通知有關專業維修人員在限期內到達現場。

2. 分配登記

⑴流程

①電話通知有關專業人員，並記好時間；

②工作通知單由維修人員簽字領取；

③維修單一式三聯，待維修後簽字驗收。第一聯交值班室留存，第二聯交庫房記帳，第三聯交報修部門。

⑵標準

填寫維修單要清楚，維修項目要明確。

3. 整理維修單

⑴流程

①將已完成的維修單按專業整理好;

②未完成的項目填寫表格,註明未完成原因;

③每天完成情況匯總並上報維修部經理。

⑵標準

下班前將當天的維修單收齊,未完成的項目要寫明原因,填好完成情況統計表上交經理。

4.維修工作的值班制度

值班人員必須堅守崗位,不得擅自離崗,如因工作需要臨時離崗,必須有符合條件的人替崗,並交代離崗時間及去向。

值班人員接到報修時,應及時通知有關班組,安排相關人員前往維修。

所有值班崗位必須在規定值班時間安排合格的人員值班,如需調班,必須徵得主管的同意,原則上領班與領班、值班人員同值班人員對調。在就餐時間,實行輪換就餐制,並通知同班維修人員配合。

1. 值班人員應按統一安排的班次值班,不得遲到、早退、無故缺勤,不能私自調班、頂班。因故不能值班者,必須提前徵得領班同意,按規定辦理請假手續後,才能請假。

2. 交接班雙方人員必須做好交接班的準備工作,準時進行交班。交接班的準備工作包括:查看運行記錄;介紹運行狀況和方式,以及維修、變更等情況;清點儀錶、工具;檢查維修狀況等等。交班時,雙方領班在值班日誌上簽字。

3. 在下列情況下不得交接班:

⑴交接班人數未能達到規定人數的最低限度時;

⑵領班或由主管指定替代領班的人未到時；

⑶接班人員有酒醉或其他神志不清的情況而未找到頂班人時。

第四節　上門維修的管理辦法

產品再好也不可能沒有故障，維修服務是售後服務的一項重大而又重要的工作。企業應該對員工在維修服務中的服務意識、服務規範等提出具體要求。

一、上門維修服務規程

1. 維修點的主管要積極帶領售後人員做上門服務工作，負責每天的工作調度，及時為用戶解決問題。

2. 做好電話接聽和解釋記錄工作，做到耐心、細緻，使用戶滿意。

3. 做好維修人員和新網點人員的技術培訓和質量監督工作。

4. 每月做好售後質量問題的資訊反饋工作，並將反饋單及維修憑證由當地辦事處集中彙集寄達企業服務中心。

5. 及時對顧客信函進行處理，及時回覆。

6. 做好超保修期機器的收費工作，並每月將應交款項交公司售後中心後，由專人統一交財務。

7. 公司已經認可在本地處理的一切廢品由辦事處全權處理，所得款項上交售後中心後統一交財務。

8. 對用戶的一切有關投訴和意見，必須進行詳細的記錄及嚴格的跟蹤工作，直到事情圓滿解決為止。重大事情及時報駐地辦事處、公司服務中心。

二、上門服務細則

1. 配戴工作卡和工具包，身穿工作服，帶齊工具和配件，必備清潔光臘和抹布。

2. 零配件經倉管員領用，使用回收。維修憑證需每月上報倉管員。

3. 注意時效，力求按約定時間準時到達用戶家，因故遲到需致歉。

4. 穿戴整潔、態度熱情、誠懇，不在用戶家吸煙、喝水、收禮品及吃飯，更不允許向用戶收取不正當費用。過保修期的機器，要按收費標準收費，出具收據。

5. 用戶的求修電話屬市內的，24 小時內解決；對市外路遠的，在徵求用戶的許可下，約定準確時間維修。

6. 維修時高質、高效、徹底解決問題，維修完畢後做細緻的清潔和檢驗、試機，並對用戶的電源、電壓、電線檢測，發現不適或不當時要及時指正。

7. 各地維修站，遇有突發、緊急事件(如遇有機內變壓器、風扇電機著火現象)，要派人迅速前往現場，同時彙報當地主管或公司及時解決，決不拖延。事後要把處理結果書面呈報公司，意見、建議及時反饋到維修中心。

三、售後維修控制的重點

產品一旦售出，顧客有「叫修服務」時，應立即處理，若稍微怠慢，容易引起顧客的投訴。企業對此之控制重點有以下幾點：

1.迅速處理的時間

⑴例如甲公司規定，顧客來電叫修，轄區服務員應在 4 小時以內以電話回應親自處理；且應在 8 小時內親自趕至顧客處。

⑵例如乙公司規定，凡待修機器，不能按原定時間修妥者，技術員應即報請服務主任予以協助。所有服務作業，市區採用 6 小時、郊區採用 8 小時派工制。

2.維修服務的內部派工作業

公司派出維修人員，要有所依據，例如：

⑴服務中心或各分公司服務組，於接到顧客之叫修電話或文件時，該單位即將顧客之名稱、地址、電話、機型之「服務憑證」，交予派工維護。

⑵服務中心及分公司業務員，應根據「叫修登記簿」核對「服務憑證」後，將當天未派修工作，於次日送請主任優先派工。

⑶維修員經過派工維修後，應圓滿解決顧客的問題。

⑷維修工作之後，顧客的滿意度必須加以調查。內部人員必須以電話詢問顧客「確認修妥否」和「服務是否滿意？」。

3.維修服務的流程管理

⑴維修工作應有所計劃，而且維修工作之後要有所記錄，以利於「工作量的累計」與「工作質的評估」。

⑵維修工程的流程，依「人」、「顧客」、「機器」逐項加以流程管制。

⑶技術人員持「服務憑證」前往顧客現場服務，凡可當場處理完畢者，即請顧客於服務憑證上簽認，攜回於「叫修登記簿」上登出，並將服務憑證歸檔。

⑷凡服務現場不能妥善處理的，應由技術員將機器攜回維修，除由技術員開立「顧客機器領取收據」交與顧客外，還要要求顧客於其「服務憑證」上簽認，然後將機器攜回交與業務員，登錄於「顧客機器進出登記簿」上，並填具「修護卡」。

⑸填妥的「修護卡」應掛於相對應的機器上。技術員應將實際修護使用時間及配換零件填寫在上面，待機器修妥經主任驗訖後，在「顧客機器進出登記簿」上列明還機日期，然後將該機器連同「服務憑證」，送請顧客簽章。同時，取回技術員事先交給顧客的收據，並予以作廢，最後將「服務憑證」歸檔。

4.維修服務表的表單管理

企業根據顧客維修需求或策略考慮，派出服務人員；而維修服務人員工作結束後，應填具報表，運用完善的表單管理，使企業經營做到有序運行，並迅速提升績效。

⑴技術員應於每日將所從事維護工作的類別，及所耗用時間填在「技術員工作日報表」上，送請服務主任核閱存查。

⑵服務主任應逐日依據技術人員日報表，將當天所屬人員服務的類別及所耗時間，填寫「服務主任日報表」。

⑶分公司的服務主任日報，應先送請經理核閱簽章後，轉送服務部。

⑷各種維修用的服務表單如下：

報表名稱	說　　明
服務憑證	・機器銷售時設立，作為該機售後服務的歷史記錄，並作為技術員的服務證明
叫修登記簿	・接到顧客叫修電話或函件時記錄
顧客機器領取收據	・凡交公司修理機器，憑此收據領取
顧客機器進出登記簿	・於攜回顧客機器及交還時登記
修　護　卡	・懸掛於待修的機器上，以資類別
技術人員日報表	・由技術人員每日填報工作類別及耗用時數送服務主任查核
服務主任日報表	・由服務主任每日彙報工作類別及耗用總時數送服務主任查核

第五節　上門維修的檢查故障

　　大件待修商品或可以在顧客住地修理的家用電器產品，一般採取上門維修的方法。品牌商品為提高售後服務的水準，也採取提供備用設備的方法。維修人員不僅要有精湛的現場維修技術，而且要有一定的禮貌行為和待人接物的語言表達能力，即從整體上提高對維修從業人員基本素質的要求。

　　上門維修檢測故障要做到又快又準。受到時間和條件的限制，維修人員入戶維修要以較短的時間準確地找出故障原因，迅速地對故障提出處理方法和維修方案，這就對維修人員的綜合能力和技術水準提出了更高的要求，維修人員對此要有足夠的心理準備和技術儲備。

　　上門維修檢測故障的程序：

1. 準備

　　上門維修之前，一定要把需要攜帶的維修設備、儀器、工具、零配件等準備齊全，必要的維修工具應裝置在一個專用的上門維修工具包內。準備外出前應再仔細檢查一遍，不要遺漏，否則會給維修帶來不便。

2. 諮詢

　　上門維修之前，要通過電話、訪談等多種形式向用戶詢問商品的品牌、故障現象和表現，故障發生的時間和過程。盡可能詳細地瞭解待修商品的基本情況，做到心中有數。根據詢問情況，檢查所

要攜帶的工具等，並查閱相關的技術資料，約定維修的時間。

3. 上門

上門時要準時進入顧客家中要有禮貌。進門問候「你好！」，自報本人所屬部門和真實姓名，在顧客的引導下徑直走到待修設備前，仔細查看設備故障情況。傾聽顧客的介紹，並向顧客進一步瞭解故障發生前後的情況。

4. 檢測

根據故障特點，運用檢修儀錶和工具對故障作進一步的檢測，以確定故障原因。

5. 修理

故障原因明瞭後，要將維修方法向顧客作簡單闡釋，已過保修期的，要告知顧客維修費用，徵得顧客應允後開始修理，需要對原設備和配置進行改動時，也必須事先徵得顧客同意，如在修理過程中發現了新的故障隱患，也要向顧客說明情況，並將處理結果告知顧客。商品修理完成後，要對設備和維修場地進行清理和打掃。

6. 結束

修理結束後，根據實際情況收取合理的維修費用，並將設備使用的注意事項和避免發生類似故障的方法告知顧客。最後，將聯繫方法通知顧客，以備查用。

第 *8* 章
售後服務的保養工作

設備的維護與保養，是產品售後服務工作的重點，在實際服務工作中，設備的維修、保養及更新都是按計劃進行的，因而正確地編制設備維修計劃，有利於設備的修理，並可合理提高修理品質。

🔊 第一節　產品的售前與售後服務

一、產品的售前服務

產品售出後，要對客戶進行產品保養工作，例如汽車的檢查潤滑油、冷氣機的補充冷凍液等。

工業產品的販賣，由於產品的特殊性，更需要售前服務與售後服務。從工業設備經銷商的角度看，其售前服務應包括以下內容：

1. 為顧客培訓操作人員和維修人員

企業必須為顧客開辦培訓班，培訓用戶單位的安裝、設計、使用、維修等方面的使用。對於性能結構複雜、技術要求高的產品，一般都需要開辦專業培訓班。培訓內容主要包括：產品的設計原理、

用途、特徵、安裝調試技術、使用方法和保養維修技術等。

　　開辦技術培訓班是指導顧客正確地使用你所經銷的產品，充分發揮產品效能的好方法。同時，它又是使經銷企業取得信譽、擴大影響的最有效途徑。例如一家計算機經銷商就是由於實行免費培訓，使自己經銷的單片機在電子產品市場疲軟的情況下，一年銷售1411台。該經銷商組織了一支專職講師隊伍，分赴各地免費舉辦單片機知識講座，向社會普及單片機知識，幾年來，共舉辦培訓班450多期，培訓5萬餘人次。經銷商對此解釋說：「舉辦這種講座，表面上我們是破費了許多，實際上這是推動市場銷售的有效投資，許多客戶就是從學員中爭取到的。我們還通過定期召開交流評獎會來開拓市場」。

2.讓顧客參加設計或代顧客進行設計

　　讓顧客參與設計，這也是合作服務的一種。在工業設備的經銷活動中，社會效益和經銷商的經濟效益是一切工作的中心和根本。而銷售適銷對路的產品，隨時為顧客提供方便的服務，更是經銷商業務活動中極其重要的一環。經銷商在推銷產品之前，如能詳細調查和瞭解用戶的需求，並讓顧客參加設計，那麼自己所經銷的產品，一定會被顧客所喜愛和接受，銷售活動也會卓有成效。

　　代顧客進行技術設計，是指企業督促供貨企業代顧客方對產品的造型、配套、安裝、生產能力等所進行的設計工作。至少包括以下幾方面：

　　造型設計——根據顧客的要求、生產水準條件和發展前景，從經濟和技術兩方面綜合分析，為顧客選擇合適的型號及規格。

　　配套設計——派人前往顧客廠房所在地，通過調查研究，根據所

買產品的特徵,為顧客設計配套附屬設施。

安裝設計──派人前往顧客所在地,通過實地測量,為顧客提供機器設備安裝的具體方案。

生產能力設計──根據顧客提供的資料要求,結合所需產品的實際效能,為顧客提供該產品投入使用後促進效能發揮的建議。

3. 為顧客提供各種咨詢服務

一般情況下,每位顧客都喜歡購買自己瞭解並能掌握的產品。顧客在做出購買某種產品的決定時,相當程度上是取決於對某一種產品熟悉的程度。工業設備經銷商要積極、主動地解答顧客和潛在購買者提出的有關產品的全部疑點,熟練介紹本企業所經銷產品的實際性能和特點,並週詳地為顧客提供咨詢服務。當然,這種咨詢活動也可邀請有關專家參加,以增強顧客對該產品的信任感,從而促進產品的銷售。

4. 產品出售前的質量檢查

產品出售前的質量檢查是經銷服務的主要內容。因為抓好銷售前的質量檢查,使出售的產品質量有保證,就可減少售後服務的工作量,消除顧客產生後悔心理的隱患,同時也增加了顧客對經銷商的信任感和安全感,必然能促進產品的暢銷。如果經銷商沒有認真做好質量檢查工作,使不合格產品賣出,這樣不僅會增加產品的返修率,而且會影響經銷商信譽,妨礙產品的擴大經銷。

5. 財務服務

財務服務是指,經銷商在現金結算上為顧客購買產品時所提供的方便性。它是通過執行商業信用的職能來實現的。向顧客提供財務服務,一方面可在一定程度上解決顧客缺乏購貨資金的困難,另

一方面也可加快推銷品銷售的速度。

　　財務服務包括兩種形式：一種是延期付款或貸款，另一種是分期付款。具體可視產品和服務的不同而採取不同的服務方式。

(1)延期付款

　　指顧客購得產品時，不當場付清貨款，而是在雙方所商定的貨到以後的某個日期內一次性付清。一般來說，延期付款適用於一次性購買價格昂貴的生產資料。

(2)分期付款

　　指顧客購買產品或服務時，不必一次付清全部貨款，而是按雙方協商規定的要求先付部份貨款，餘下部份分數次還清。分期付款一律適用於價格較高的中高檔商品。

二、產品的售後服務

　　一般來講，工業產品經銷商為用戶所提供的售後服務應包括以下幾個方面的基本內容：

1. 技術服務

　　現代產品在向著結構複雜化、使用技術化方向發展，所以工業設備經銷商都有必要向顧客提供產品在使用、維修等方面的技術服務，指導用戶消費。具體包括：

(1)技術咨詢

　　在銷售前及銷售後，經銷商要主動向顧客介紹有關產品的技術問題，特別是產品的性能、結構及產品的使用、保證和維修等問題，並按用戶要求提供產品樣本、圖紙和使用說明書等。

⑵現場服務

經銷商要派技術人員到銷售現場為用戶提供技術服務，包括安裝、調試、驗收等，確保用戶對產品設備的順利使用，確保其達到設計要求。

⑶技術培訓

經銷商為用戶培訓各級技術人員，保證產品正常投入使用。主要方式有：經銷商舉辦操作培訓班、產品維修保養培訓班，用戶派人前往學習，經銷人員給用戶提供指導，尤其對自動化、微機產品要進行實地培訓；經銷企業、製造商與用戶共同舉辦技術講座或討論會。

⑷為用戶提供零件

為用戶提供零件，建立零件供應網，滿足各地區用戶的隨時需要。

⑸保證質量服務

經銷企業在規定的保修期內，對產品正常使用中出現的質量問題必須予以負責，包括維修、退換並承擔責任。

⑹檢修

為用戶檢查並修理產品，保證能正常使用。其方式有定期上門檢修和應邀檢修等。

2.銷售業務服務

即在全部銷售過程中及售後都要為顧客提供週到的銷售服務。主要有：

⑴接待顧客

經銷企業要熱情接待用戶來訪，認真回覆用戶在來函、來電中

提出的問題。

⑵訪問用戶

要有目的、有重點地訪問用戶，召開用戶座談會，從而瞭解用戶的需求，把握市場信息，及時與生產商聯繫以改進產品。

⑶業務咨詢

經銷企業要向用戶介紹產品的型號、規格、質量、價格、交貨期、包裝與運輸等問題，並提供有關資料，幫助用戶解決困難。

⑷其他服務

包括配備零件、商標服務等。

3. 信息咨詢服務

包括 3 個方面：

⑴情報信息服務。經銷企業要對自己所經銷的新產品、新技術，及其價格、庫存與經銷服務的新政策等準確地回答顧客的提問，並提供可靠信息。

⑵提供市場調查預測，指導消費。

⑶營銷咨詢。經銷商應該擔任用戶的營銷顧問，協助對方開拓市場，擴大銷售，並為用戶提供營銷診斷。

4. 金融服務

經銷企業為解決用戶資金不足而向顧客提供多種形式的金融服務，包括補償貿易、技術轉讓、分期付款、租借等。

顧客服務是一項複雜而長期的任務，為了有效地提供顧客服務，工業設備經銷商應該選擇適當的服務方式。以下幾種方式可供參考：

⑴成立信息咨詢服務中心。組織那些瞭解產品性能、操作維修

技術和掌握市場信息的銷售人員成立服務中心和服務小組，通過通訊、座談等形式回答顧客提問。

⑵成立巡迴服務隊，定期對用戶購買的產品進行檢查、修理和技術指導。

⑶建立維修服務網點，在用戶集中或交通樞紐地區建立維修點，對自己所經銷的產品實行「三包」服務，並負責供應零件。

總之，經銷商要在顧客服務內容、服務方式等問題上，結合所經銷產品的特點和供貨的生產企業的能力做出合理決策，這也是產品整體戰略的主要內容，應引起企業的足夠重視。

第二節　如何進行售後的保養工作

設備的維護與保養工作，是產品售後服務工作的一出重頭戲。售後服務員要發揮工作績效，就必須瞭解其內容，並學會建立一系列與此相關的制度。

一、設備保養的內容

設備的維護與保養是指設備操作人員和專業維護人員在一定的時間及維護保養範圍內，對設備進行預防性的技術護理。加強設備的維護與保養，對保持設備的精度和性能，延長其使用壽命具有重要意義。

設備維護與保養的內容，主要是設備的整潔、潤滑、堅固、安

全等方面的調整。根據設備維護與保養工作的範圍及其工作量的大小，它一般可分為以下幾種：

1. 日常保養，是經常性的，不佔用設備台時的保養，由操作工自行負責。其主要內容是對設備進行清洗、潤滑，堅固易鬆動的部位，檢查零件的狀況，大部份工作在設備表面進行。

2. 一級保養，是以操作工人為主、維修工人為輔對設備進行的保養。其主要內容是除上述日常保養的各項工作外，還包括對設備進行部份調整。

3. 二級保養，是一種以維修工人為主、操作工人參加的保養。其主要內容是對設備進行內部清洗、潤滑、局部解體、檢查和調整。

4. 三級保養，是由維修工人進行的保養。其主要內容是對設備的主體部份進行解體檢查和調整，同時更換一些磨損零件，並對主要零件的磨損情況進行測定，以便得出技術數據，為編制修理計劃提供依據。

二、設備檢查的內容

要建立設備維護保養制度，加強設備的檢查。設備的檢查主要是對設備的運轉情況、磨損程度、工作精度進行的檢查。經過檢查，掌握設備運轉的零件磨損情況，並採取相應措施消除隱患，防止發生急劇磨損的突然事故。同時，可以根據檢查結果，針對發現的問題，提出加強和改進設備維護保養工作的意見和措施，為編制修理計劃和做好修理前的準備工作打下基礎。

設備按檢查時間間隔劃分為日常檢查和定期檢查。日常檢查，

就是在交接班時，由操作工人結合日常保養情況進行的檢查，以便及時發現問題，進行必要的維護和修理工作。定期檢查，就是按計劃規定的時間，在操作工人的參加下，定期由專業維修工人進行檢查，可以及時準確地掌握設備的技術狀況和磨損程度，以便確定修理類別及修理時間。

設備的檢查按性能劃分為功能檢查和精度檢查。功能檢查就是對設備的各種功能進行檢查與測定，以便確定設備是否符合技術要求，是否需要調整等，以保證產品的質量。精度檢查，是對設備的加工精度進行檢查和測定，掌握實際精度情況，防止因設備精度降低而產生廢品。

◀))) 第三節　如何進行設備的修理工作

設備的修理就是修復和更換已經磨損或損壞的零件及附屬設施，使設備的工作性能、精度和工作效率得以恢復，是對設備進行的一種技術補償活動。在實際服務工作中，設備的修理工作是按計劃進行的。

一、設備的維修原則

企業對設備進行維修的目的，就是為了使設備經常處在最佳的技術狀態，以利於保證產品質量，使企業生產長足發展，延長設備使用壽命。因而設備維修工作應堅持以下原則：

1.堅持維護保養與計劃檢修並重，並以預防為主原則

對設備進行良好的維護，可以大大減輕設備磨損程度，防止意外損壞。但是，維護代替不了修理，它不能完全消除設備的正常磨損，不能恢復已經損壞了的設備性能。如果只有維護而沒有修理，就不能使已經損壞了的設備得到應有的恢復，甚至會使小病不醫釀成大災。同樣，設備的修理也不能代替經常的維護保養。如果只有修理而沒有維護，就不能防止或減輕設備的磨損，並會加劇損壞，增加修理工作量和修理費用。由此可見，設備的維護和修理，必須很好地結合起來。

在實際工作中，不論是進行維護還是修理，都要以預防為主，防患於未然。在設備未損壞之前，就要加強維修工作，以儘量延長設備的使用壽命。

2.維修堅持的原則

在實際工作中，要很好地認識和處理好維修和生產的關係。生產要具備良好的設備，就離不開維修；維修又是生產順利進行的保證。在現代化企業中，要做好生產必須重視維修，特別要注重在未達到合理磨損極限之前進行計劃檢修。

專業修理和群眾修理相結合，並以專業修理為主的原則。工人是設備的使用者，最熟悉設備的性能，設備維修離不開工人；但隨著產業的發展，企業生產專業化和自動化程度的提高，大多機器設備的維修工作要由專業維修人員來進行，一般操作人員難以勝任。因此，專業維修工作應進一步加強。

勤儉節約、修舊利廢的原則。在設備維修工作中，也必須貫徹勤儉節約、修舊利廢的原則，要開源節流，做到少花錢多辦事，最

大限度地降低設備修理費用。

二、設備的修理分類

設備的計劃修理，按修理規模和修理費用的不同，可分為小修、中修和大修三類：

小修理是對設備進行局部的修理，工作量較小。它不必全部拆卸機器，只需更換部份磨損較快的易損零件，局部調整設備結構，以保證設備能夠運轉到下一次計劃修理時間。

中修理是指要更換和修復設備的主要零件和數量較多的其他磨損零件。以保證設備能恢復和達到應有的標準和技術要求。設備的中小修理一般稱為日常修理。

大修理是指對設備進行全面修理。將設備全部拆卸和分解，更換或修復全部的磨損零件，校正和調整整個設備，以全面恢復設備原有的精度、性能和工作效率。

三、設備的修理方法

1. 標準修理法

它是根據設備的磨損規律和零件使用壽命，預先規定修理的日期、類別和內容，到了規定的時間，零件要强制更換。

這種方法的優點是：計劃和組織工作簡單，便於做好修理前的準備工作，縮短修理時間，能有效地保證設備正常運轉。但預先規定的零件壽命，難以切合實際，往往過早地更換零件，會造成較高

消費，增加修理費用。它適用於那些必須保證安全運轉和特別重要的設備，如動力設備、自動流水線上的設備等。隨著科學技術的發展和先進的檢測手段的出現，以及流水線生產方式的大量採用，這種修理方法應用也隨之不斷擴大。

2. 定期修理法

它是根據設備的使用期限、磨損情況、過去的修理資料和設備修理定額資料，制定檢修計劃，確定大致的修理日期、類別和內容。至於準確具體的修理日期、類別和內容等，須經前往檢查才能確定。

這種方法的優點是便於做好修理前的準備工作，有利於採用先進的修理方法，縮短設備停歇時間，提高修理質量，降低修理成本。該種方法適用於維修力量比較雄厚的企業。

3. 檢查後修理法

它是預先規定設備的檢查日期，然後根據實際檢查的結果及過去的修理資料，確定修理日期、類別和內容，編制具體的修理計劃。

這種方法簡便易行，充分利用了零件的使用壽命，修理費用較低。但可能由於檢查人員的主觀判斷錯誤，而引起零件過度磨損或設備突然損壞，同時也不利於做好修理前的準備工作。這種修理方法適用於那些不太重要或精度要求不高的設備。

在實際工作中，可以根據具體情況把三種修理方法結合起來靈活運用，以提高效益。

四、設備的更新

　　加強設備的維護保養，做好修理工作，只能延長設備的使用壽命，而不能從根本上解決設備的陳舊、老化問題。因此，隨著科學技術和生產的發展，要及時地對原有設備進行更新改造。設備的更新改造就是提高產品質量、降低消耗、提高設備的使用效率，促進產品更新換代，它是一項基本措施。

1.設備更新及其應注意的問題

　　設備的更新主要是指企業用技術上先進、經濟上合理、效率更高的設備，去調換已經陳舊的、不能繼續使用或者可繼續使用，但在技術上不能保證產品質量，在經濟上極不合理的設備。

　　設備的更新形式有兩種：一種是用原型號或原水準的設備以舊換新，另一種是用技術上先進的新設備去取代技術落後的舊設備。前者是一種簡單的設備更新，後者才是應大力提倡的主要設備更新形式。面對當今科學技術的飛速發展，只有適時地去以舊換新，給企業注入新的生機和活力，才能不斷提高企業的技術裝備水準，加速生產現代化的進程。

　　為了做好設備更新工作，充分發揮企業的投資效益，企業在進行設備更新時，應注意以下幾個方面的問題：

　　⑴設備更新應當結合企業的經濟狀況，有計劃、有重點、有步驟地進行。

　　⑵要做好調查摸底工作，根據企業的實際需要和可能，安排設備的更新工作。注意克服生產薄弱環節，提高企業的綜合生產能力。

⑶有利於提高生產的安全程度，有利於減輕勞動強度，慎防環境污染。

⑷更新設備要求把加強原有設備的維修和改造結合起來，經改造後能達到生產要求的，可暫不更新。

⑸講求經濟效益，做好設備更新的技術經濟分析工作。其主要包括確定設備的最優更新週期、計算設備投資回收期等。

2.設備最優更新週期的確定

為了經濟、合理地做好設備更新工作，確定設備最優更新週期，就必須對設備的壽命加以研究。

設備在使用過程中，由於會發生物質磨損和精神磨損，所以，設備壽命按性質可分為自然壽命、技術壽命和經濟壽命三種。

⑴自然壽命，又稱為設備的物質壽命，即從設備投入生產開始到設備報廢為止所經歷的時間。其報廢界限是最後一次大修是否具備經濟性。

⑵技術壽命是設備的有效壽命，即設備從投入生產到被新技術淘汰為止所經歷的時間。技術壽命一般比自然壽命短。科學技術發展越快，社會競爭越激烈，技術壽命就越短。

⑶經濟壽命是設備的費用壽命。它是以維修費用為標準所確定的設備壽命。當設備到了延期壽命後期，由於依靠過多的維修費用來維持，就會造成經濟上不划算。其報廢界限是綜合經濟效益的高低。

第四節　維修服務的配件管理

一、維修服務站管理制度

為規範公司在維修服務站的管理，特制定本制度，適用於公司對維修服務站實行管理的相關事宜。

⑴維修服務站的配備：

①維修服務站設經理 1 名，各專業設主管 1 名。

②有專職維修技術人員。維修技術人員分初、中、高三個等級，均應具備相應等級的條件。

③應配備必備的維修場地、設備和工具。

⑵維修服務站在公司的維修項目和範圍內，須主動接收客戶投保，並承擔保修期內投保產品的保修業務和保修期外送修產品的維修業務。

⑶維修服務站的零備件供應：

①一般通用件，自備。

②專用件（易損自製件）、關鍵件，或自行解決，或向公司主管中心申報購買。

⑷維修服務站有責任向投保客戶介紹產品性能使用方法和注意事項。

⑸維修服務站有責任彙集用戶的意見，及返修產品的品質情況，填報統計報表，做好信息回饋工作。

(6)維修服務站要積極參加技術培訓和技術交流活動。

對確不能勝任其工作的維修服務站，公司將酌情予以警告或取消其成員資格。

二、服務站的備品管理制度

為保證公司在售後服務過程中的備品、配件供應，保障服務品質，規範公司售後配件中心、特約維修服務站的備品、配件業務管理，特制定本制度，適用於公司對備品、配件實行管理的相關事宜，所有相關單位部門在採購備品、配件時，必須通過正規管道購買，不得採購假劣備品和配件。

(1)備品、配件的採購

①特約維修服務站有備品、配件需求時，應向所在地區的備品、配件中心庫提出備品、配件需求申請；若所在地區無中心庫，可直接向公司總部備品、配件中心申請購買備品、配件。

②備品、配件中心負責人應匯總各特約維修服務站和備品、配件中心庫上報的「備品、配件需求計劃」，結合市場行銷部提供的銷售信息及其他信息，預測各種備品、配件的需求量；並結合配件、備品中心的備品、配件庫存情況和庫存預警報告，制訂出採購預算和採購計劃。

③根據採購預算和採購計劃，公司採購部與相關配套廠家聯繫，完成備品、配件的採購工作。

(2)備品、配件的管理

①公司應設立專門的售後服務所需的備品、配件倉庫。

②備品、配件管理本著適時、適量、適質的原則進行。根據售後服務的類別將所有備品、配件分類進行有效管理。

③備品、配件中心庫管理員管理倉庫鑰匙，不得將鑰匙隨意放置；若無特殊情況，不得將鑰匙交給他人。

④非內部工作人員不得隨意進入庫房。

⑤庫房內必須有防火器材等其他消防設施，並定期檢查，確保遇到特殊情況時隨時能用。

⑥備品、配件中心管理人員必須嚴格遵守出入庫手續，及時、準確地進行出入庫登記入賬。

⑦公司可在備品、配件倉庫存放一定數量的替補商品。在對客戶商品維修期間，用該替補品為客戶服務，修復後將替補品收回歸倉。

⑧公司售後服務所需的檢測、維修設備工具，凡價值較高的，應列入公司固定資產科目。

⑨維修技術員可配置專門的檢測、維修設備工具，在登記後由個人保管、使用。該設備工具不得用於私用目的，丟失或損壞後應予賠償（正常損耗除外），調離本崗位時應移交。貴重工具正常損耗、毀損的，應提出報告並說明原因。

三、備品的更換服務

⑴部件更換的前提條件：屬於 A 公司的產品而且產品部件無物理損壞。其中部件無物理損壞是指部件的電路板沒有燒焦現象，部件的外觀沒有損壞。

⑵回應時間：A 服務網地區的服務人員將部件送貨上門，應在當天內或第 2 個工作日內完成；非服務網的地區採取郵寄的形式將部件發給客戶，在當天部件必須發出，客戶最遲應在第 4 個工作日內收到部件，發貨的形式一般是郵寄或空運。

⑶整機中的某部件更換服務：A 服務網通過技術熱線電話確認客戶的機器中某一部件可能存在問題，對客戶進行部件更換，A 服務網直接發部件給客戶。客戶收到 A 服務網發給的與原部件相同的或與原部件功能相同的部件，恢復機器正常工作後，將更換的機器原部件發回 A 服務網。

⑷平臺產品中的某部件更換服務：A 服務網通過技術熱線電話確認客戶的機器中某一部件可能存在問題，對客戶進行部件更換，A 服務網直接發部件給客戶。客戶收到 A 服務網發給的與原部件相同的或與原部件功能相同的部件，恢復機器正常工作後，將更換的機器原部件發回 A 服務網。如果屬非 A 公司產品的部件引起的問題，客戶要求 A 服務網人員服務，A 服務網的工作人員對本次服務按有償服務計算。

⑸單獨購買部件的更換服務：部件必須返修時，客戶將有問題的部件發回 A 服務網。A 服務網收到客戶寄回的部件後，經檢測確認，部件確實存在與客戶描述的現象，方可給客戶進行更換與原部件相同型號的性能穩定部件；如果沒有相同的部件，A 服務網應給客戶更換至少在功能上等同於原有部件的部件。

四、部件維修更換事項

⑴如該機器在保修期內，A服務網提供服務時換下的部件，屬於A服務網所有。

⑵ A服務網在維修時所更換的部件，至少在功能上應等同於原有部件。

⑶ A服務網人員在進行維修時，應請客戶先將機器的數據做好備份，以免維修時引起數據丟失；如果維修時客戶機器發生數據丟失的情況，A服務網將不承擔任何責任。

⑷凡經 A服務網維修過的產品，如同一部件因相同故障在 3 個月內再次發生非人為損壞，A服務網給予免費維修服務。

⑸如果客戶機器屬於非正常保修，在維修前，請客戶先對將要進行的服務價格進行確認。維修後，A服務網向客戶提供發票。若維修後的機器於 3 個月內再次發生相同部件的非人為故障時，憑發票可再次申請免費維修服務。

五、備件備件倉庫的支持

· 公司設立專門的售後服務需要的備件倉庫。

· 備品備件管理本著適時、適量、適質的原則進行。根據售後服務的類別將所有備品備件分類進行有效管理，合理進行採購、庫存計劃與控制。

· 維修技術員可配置專門的檢測、維修設備工具，在登記後由

個人保管、使用。該設備工具不得用於私用目的，丟失或損壞後應予以賠償（正常損耗除外），調離本崗時應移交。貴重工具正常損耗、毀損的，應提出報告並說明原因。

‧ 對備品備件倉庫定期進行庫存核查和零備件補充，保障用戶在設備出現故障時能在最短的時間內給予修復。

第 **9** 章
售後服務的技術支援工作

為提高售後服務的品質,需制定一套完整的技術手冊。首先須對報修資訊進行分析和改善,確定好維修方案後,及時與客戶溝通確定維修時間,並根據實際情況提供最新的技術支援與技術培訓服務。

第一節　提供產品技術支援服務

技術服務包括兩方面的內容:「技術支援服務」和「技術培訓服務」。

「技術支援服務」是為了解決顧客使用新產品時遇到的種種技術難題而提供的服務項目,服務人員或銷售單位主動向用戶提供必要的技術資料、產品性能、檢測標準以及使用說明。

「技術培訓服務」即銷售方為廣大用戶培訓合格的技術操作和維修管理人員,通過對顧客的技術訓練,幫助他們增強使用該產品的技術力量,同時可聽取他們的抱怨和投訴意見,從用戶那裏搜集到具有一定價值的反饋資訊。

商品技術支援項目,有簡單的「在店內的產品使用說明、示範」,

也有更複雜的產品技術咨詢。

　　已下了一星期的大雪，晚上還在下雪，這時來了一位家住建新路的顧客，一進店門直接朝洗衣機櫃走去，下大雪天還特地前來必有原因，但這位顧客的穿著又不像來購物的。

　　營業員緩緩走到他身邊，從他凝視的眼光裏仿佛猜出了幾分意思。營業員在一旁，自然地聊起了滾輪式洗衣機，它的特點是體積小，全自動，使用方便、輕巧，還講述了機器的一些獨特性能，顧客一邊聽一邊點頭，似乎有點不好意思。營業員主動接著說：不買沒關係，這只是樣機，外殼有些毛病也不能賣給你，向你作講解，看看我的業務知識行不行？於是，把機器打開，指著一檔檔功能，一邊試一邊講，熟練地操作完畢後，顧客由衷地說了一段心裏話：您真懂顧客的心思，我早想買這台洗衣機了，走了不少商店就是拿不定主意，你這麼一講，正講到了我的心裏。

　　第二上午，這位顧客高高興興地買下了洗衣機，下午又來了幾位同棟大樓的用戶選購了洗衣機。

　　有了豐富的知識，服務人員就能像這個案例裏的銷售員一樣教會顧客怎樣操作，詳盡地給顧客介紹各種商品性能、特點保養。不厭其煩地向顧客講解，從而贏得顧客的心，使不想買的買了；本想退貨的不退了；即使價格比別處貴一些也買了；去別的商店比較後又回過頭來買了。可見，服務是商業零售企業日常工作中的題中要義，只有做好服務，才能贏得顧客的信任，才能贏得更大的市場。

　　服務人員不僅要主動、熱情、耐心、週到地服務，還要熟悉商品相關技術、瞭解顧客心理，善於動手操作。要做到服務到位，必須下功夫不斷學習、總結。只有詳盡地指導顧客怎樣使用商品，才

能去除顧客購物的後顧之憂。

技術支援是最常見的一項顧客服務，有多種形式：

⑴技術咨詢服務；

⑵設計和應用服務；

⑶外勤技術支援。

對於提供配件或技術產品與服務的公司來說，技術支援至關重要。它可以幫助顧客瞭解產品的性能，並提高產品在市場上的競爭力。通過與顧客的密切合作，你可以確保公司成為顧客偏愛的產品供應商。參與產品開發階段的工作，可以使你的公司更切實瞭解顧客對產品的需求，並進一步瞭解公司能力範圍內所能解決的技術問題。

對於提供複雜的產品或服務，以開發新產品為主的公司來說，高水準的技術服務尤其重要。

一家供應傳動軸承的軸承生產商與設備生產商緊密合作，利用價值工程而修正新產品的設計。

透過用帶有一體化的軸承箱、密封和潤滑設計的傳動軸承取代原來的各部份各自獨立的傳動軸承，從而使設備生產商減低了機械加工和裝配的成本。軸承供應商用附加值工程解決方法與原來的標準產品的解決方法拉開了距離，成功地克服了價格競爭問題。公司也因此和設計部門建立了更密切的合作關係，並將未來的修改和產品開發融入了遠期規劃中。

第二節　為顧客提供產品技術培訓的作法

技術培訓服務是為顧客提供附加的技術，以提高顧客的業績，有助於企業爭取更多的顧客。例如，電腦行業提供下列各種不同層次的培訓服務：

1. 規劃和管理資訊系統的高層經理培訓

幫助行政人員將資訊系統和企業目標聯繫起來，以確保他們能選擇正確的系統。這種培訓有助於提高決策質量，並表明供應商在幫助顧客提高業績。

2. 使用資訊系統的部門經理培訓

幫助部門經理認識到資訊系統是如何影響其日常工作的，並為他們提供管理系統的指導。這種培訓可加深理解，並克服潛在的抵觸情緒。

3. 資訊系統專業人員培訓

提高專業人員的技能，使他們瞭解供應商的最新技術發展。

4. 使用者和操作員的培訓。

這是傳統的培訓項目，包括在產品/服務的解決方案，它對於確保正確使用產品非常重要。

5. 系統支援人員培訓

該培訓幫助減輕供應商的服務工作量。在確保顧客的支援人員能夠處理日常查詢和系統管理的情況下，供應商可利用自己的支援服務專業人員，提供價值更高的服務。

技術培訓可由以下方式實施：

⑴使用內部培訓部門，由培訓專家集中培訓；

⑵在顧客所選的場所用自己的專家進行培訓；

⑶借助獨立的培訓單位實施培訓；

⑷印發培訓材料，供顧客的培訓專家培訓。

培訓服務由於能夠提高顧客的整體業務績效，因而為顧客關係增加了價值，雙方的關係更顯重要。在以下情況下，該服務更應成為售後服務的一個不可缺少的組成部份：

⑴你的產品技術性很強；

⑵引進你的產品將給顧客帶來根本性變化；

⑶顧客沒有產品經驗，無法作出有效的購買決策；

⑷你的技術發展迅速。

6. 提供技術指導的電話服務專線

企業一開始就展現顧客服務，從而獲得顧客的信任。因此，越來越多的電腦公司為顧客和潛在顧客設置免費熱線，鼓勵他們打電話諮詢。

以下是他們充分利用熱線電話進行服務的方面：

⑴利用免費電話這種服務鼓勵人們深入探討他們的要求；

⑵幫助熱線由專家負責，他們既有專業知識也具備一定的談話技巧——客戶打來電話，不會因為答話者滿口專業用語而被嚇壞；

⑶幫助熱線的工作人員與顧客討論他們的需要——你想如何使用你的電腦？想獲得什麼樣的效果？你使用的頻率如何？他們注重顧客的需要而不是僅僅為了賺錢。

⑷鼓勵僱員通過電話與顧客建立關係，不要急於解決問題以完

成每天的工作定額。對話和輕鬆的態度有利於建立顧客的信心。

顧客得到誠懇坦率的答覆，會對公司產生信任。在日用品市場，這種水準的顧客服務可能是公司與競爭者區別開的重要因素。

所以，不應只將幫助熱線用於解決問題和服務要求，還要利用它在銷售前與顧客建立聯繫。一旦企業瞭解到顧客的確切需求，企業的銷售人員便可集中精力提供適當的商品，其結果必然使顧客在每個階段都感到滿意。

第三節　對報修的回饋分析

前台服務人員接到客戶報修的資訊，就應將顧客回饋的詳細資訊傳遞給維修人員。維修人員接到用戶的故障資訊後，需對用戶資訊進行分析。分析出故障需要維修的程度、使用何種維修手段、準備零配件。報修資訊分析是為了提高工作效率，節省雙方的時間和精力。對於出現的問題可以及時找到合適的解決辦法。一般維修人員應該這樣來分析故障資訊：

1. 根據用戶反映的故障現象分析可能的故障原因以及維修措施和所需備件。如果是用戶誤報或使用不當，可以電話諮詢而不需要上門，但應電話諮詢、指導用戶正確使用，2小時後跟蹤回訪用戶使用情況；如果有可能無此備件，則馬上領用或申請備件。

2. 據用戶地址、要求上門時間及自己手中已接活的情況分析能否按時上門服務，如果是時間太短，不能保證按時到達，或同其他用戶上門時間衝突，要向用戶道歉、說明原因，徵得用戶同意後，

與用戶改約時間；若用戶不同意，轉其他人或反饋給中心資訊員。

3. 此故障能否維修？如果是此故障從來未維修過或同類故障以前未處理好，應立即查閱資料並請教其他工程師，或同中心、總部聯繫。

4. 此故障能否在用戶家維修？是否需拉修？是否需提供週轉機？有可能無法在用戶家維修而需要拉修的，應直接帶週轉機上門。

確定好維修方案後，及時與用戶溝通，確定維修時間。若是需要換零件，需要向用戶清楚說明更換的原因和作用。若是需要拉修的話，要告訴用戶大概的時間；諮詢用戶是否需要週轉機。如果需要費用的話，維修人員要說明費用的收費原則、原因。

第四節　案例：電腦軟體的技術服務

電腦軟體公司在售出軟體後，常有一系列的技術維修、技術更新等工作，下列為某資訊公司的作法：

1. 套裝軟體裝清單

使用「IEDS」關務軟體前，請認真核對包裝內的物品，內含：軟體安裝介質(CD)、授權使用許可證、用戶服務卡。如有不一致，請立即與新盛通公司取得聯繫，並獲得幫助。

2. 購買軟體後，軟體初裝

⑴軟體購買後，請您與我們的業務人員或客戶支援部人員預約軟體安裝，我們提供免費軟體初裝服務。

⑵確認服務電話、服務負責人、客戶服務綠色通道、培訓內容、

投訴程序等。用戶服務卡是用戶獲得售後服務的憑據，也是用戶享受正常服務的保證。

3. 需要提供軟體初裝，請做好如下準備

⑴準備「IEDS」軟體安裝環境（參照《「IEDS」軟體運行環境要求表》），並向服務人員提交準備環境列表。

⑵如果沒有「IEDS 軟體」運行環境，我們會提供免費的「IEDS」支撐軟體的安裝，設置服務。主要包括系統軟體、數據庫軟體的安裝設置，但不負責 IEDS 支撐軟體的版權。

⑶請保證您的電腦沒有病毒感染。

⑷每天工作結束後，將數據備份（儘量不備份到軟碟），並存放在安全的地方，由專人保管。

4. 制定分步實施方案與培訓計劃

根據企業實際業務情況結合購買「IEDS」軟體模組，擬定分步實施方案與培訓計劃，保證軟體操作模式與以往工作模式平滑過渡。

5. 擬定實施計劃需要您的配合，請做好如下準備工作

⑴將現有手冊進行整理、分類，通常分為三類（已核銷、執行中、已備案未執行）。

⑵如需要由內部編碼數據生成，請做好海關商品編碼與內部商品編碼的對應（詳細內容可向服務人員諮詢）。

⑶如需要進行 ERP/MRP 系統介面，請向業務人員或服務人員索取（《「IEDS」與物流介面方案》），並進行前期準備工作。

6. 為保障系統的正常運行，請做好如下工作

⑴每天工作結束後，將數據進行備份，並存放在安全的地方。

⑵在應用軟體過程中出現的異常，用戶務必做好詳細記錄，以

便服務人員迅速作出診斷，及時解決故障，並配合服務人員做好售後服務檔案。

服務類型	服務方式	詳細內容	回應時間
遠程技術支援	熱線支持	用戶可以接通服務專線進行電話諮詢，客戶支援部值班人員將會提供技術問題解答。	即時
	郵件、傳真服務	用戶可以將問題以郵件或傳真的形式提交到客戶支持部或具體服務負責人，將會得到及時的處理方案。	12 小時
	WEB 支持	客戶支持部通過線上支持接收、解答用戶問題，並建立網上問題庫(常見問題匯總)，供用戶自行查閱。	24 小時
	遠程軟體維護	在用戶接受的情況下，可以通過遠程控制系統(PC-Anywhere)幫助用戶進行故障處理或軟體操作指導。	即時
現場服務	現場維護	對於遠程技術支援無法排障的用戶，將按用戶要求派遣技術人員到用戶現場處理故障。	24 小時
服務質量控制	回訪服務	客戶支持部負責人將定期進行客戶回訪，瞭解服務情況。	
	質量反饋表	每季末，客戶支援部將會向用戶傳真《服務質量反饋表》，以便全面瞭解服務負責人工作情況。	
	投訴專線	設立投訴專線，如需投訴可隨時撥打。	

7. 服務期內承諾服務方式、回應時間

⑴服務期參照《軟體銷售合約》或《軟體服務合約》中規定期限。

⑵服務期的起始時間為合約簽訂日。

⑶我們將提供多種有效管道，構築一套多層次服務體系。用戶在服務期內可通過下列方式得到所需要的售後技術支援。

8. 為用戶提供全面客戶服務

⑴用戶可根據實際需求，參照 IEDS 軟體服務項目與收費標準選擇各種服務。詳見服務列表：

⑵收費服務視網路複雜程度與故障等級、響應時間等而定。

類型	服務項目	項目定義
免費服務	軟體安裝	包括：進行 IEDS 軟體初裝、幫助用戶進行系統許可權設置、數據備份設定，由於 IEDS 軟體出現故障(BUG)而對軟體進行優化、換代的補丁程序安裝；由於對軟體增加新功能或為了適應新的操作環境而對軟體。進行的優化、換代後升級版本的軟體安裝。
	支撐軟體的安裝、設置服務	包括系統軟體，數據庫軟體的安裝設置，確保系統正常運行。
	軟體日常維護	包括：因主機、印表機、電腦配置等帶來的調整；因作業系統、各類文字系統與 IEDS 軟體適配帶來的調整工作；對 IEDS 軟體的異常處理。
	軟體操作培訓	包括 IEDS 軟體初裝或升級及對用戶操作人員進行的使用培訓。
	數據調試	指標對由於產品故障或軟體環境問題而導致的數據故障進行檢測、修改的過程。
	平台維護	指對保證，EDS 產品正常運行的相關軟體環境進行保養、調試、適配的過程。
	網路安裝	指根據用戶需要對用戶的網路系統進行網路架構和系統調試服務。
	網路升級	指根據用戶需要對網路系統進行網路升級的服務。
	客戶化	幫助用戶根據實際工作流程，結合軟體功能制定業務與軟體操作規範。
	代做數據錄入	錄入服務。
	殺毒服務	清除系統病毒感染，確保系統正常運行。
	硬體的維護和檢查	對用戶的硬體適配系統進行維護和檢查，並幫助解決相應問題。
	其他硬體服務	按用戶需求進行，確保正常運行。

第 *10* 章
售後服務的客戶投訴處理工作

為維護公司信譽，促進品質改善與售後服務，必須迅速處理客戶抱怨，針對「客戶抱怨」工作，設定各個相關部門的處理職責。企業無法避免在為消費者服務過程中會出現過失，因此必須有售後服務補救系統。

客戶對產品或服務的不滿和責難叫做客戶抱怨，客戶投訴產生原因如圖所示。

客戶抱怨過程

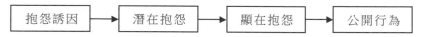

客戶抱怨主要是由對產品或服務的不滿意而引起的，抱怨行為是不滿意的具體行為反應。客戶對服務或產品的抱怨意味著經營者所提供的產品或服務沒達到其期望值、未滿足其真實的需求。客戶抱怨可分為私人行為和公開行為。私人行為包括不再購買該品牌、不再光顧該商店、說該品牌或該商店的壞話等；公開的行為包括向商店或製造企業投訴、向政府有關機構投訴、要求賠償。

投訴只是客戶面對產品或者服務存在某種缺陷而採取的公開行

為，實際上投訴之前就已經產生了潛在抱怨，潛在抱怨隨著時間推移就變成顯在抱怨，而顯在抱怨會直接轉化為公開的行為，如投訴。例如，消費者購買了一部手機，接打電話時雜音很大，這時還沒有想到去投訴。但隨著手機問題所帶來的麻煩越來越多，就變成顯在抱怨，顯在抱怨最終就會導致投訴。

第一節　售後服務的補救流程

售後服務部門的一項很重要職能就是進行服務補救。服務補救就是當顧客因企業所提供的產品或服務發生缺失而感到困擾時，企業為使顧客達到其期望的滿意度而做的努力過程。任何企業都不能避免在為消費者提供服務過程中出現失誤。企業必須建立服務補救系統。

1. 道歉

售後服務人員在面對由於企業的過失而招致顧客的不滿時（顧客不滿也可能是因為顧客的主觀失誤造成的）首先要做到的就是很禮貌地向顧客道歉，緩解顧客因為受到損失而產生的不滿情緒。

2. 查明原因

售後服務人員在安撫了顧客或消費者之後，就應該耐心地聽取他們所遇到的問題或提出的建議，並立即著手進行調查，查明問題之所在，以便為下一步的修復工作做好準備。顧客抱怨及其反饋是企業確認服務的一種重要方法。

3. 解決顧客問題

對於顧客的投訴提供方便、高效率的回應服務，解決顧客的問題，有助於提高顧客的滿意度，讓抱怨的顧客成為企業商品或服務的永久購買者，使企業投入於服務補救的努力獲得回報。

4. 移情

移情就是對顧客表示真誠的理解和同情。售後服務人員要站在顧客的角度，理解由於未滿足顧客需求而對顧客造成的影響。顧客在遇到服務失誤後，通常會產生焦慮和挫折感，服務企業應當對顧客精神上的傷害予以特別的關注。需要指出的是，虛偽的移情會使顧客更加憤怒。

5. 象徵性地補貼

象徵性地補貼，即以一種有形化的方式來對顧客進行補償。該步驟是向顧客表明，企業願意為其服務失敗承擔一定的損失。並且，通過對顧客的補償，可以向顧客表明一種態度，自己是願意承認錯誤和承擔責任的。服務企業必須首先確定顧客的接受底線。不然，如果企業補貼顧客太多，企業將承擔更多的成本。如果企業補貼過少，又達不到向顧客補償的目的。

6. 跟蹤

在售後服務人員在為顧客排除困難和進行補貼以後，應該及時瞭解和記錄下一些顧客的資訊。然後，在規定的日期之內，可以通過電話或者電子郵件形式對顧客進行調查，得到顧客對服務補救的反饋意見。對於一些大客戶，也可通過登門拜訪的形式進行調查。

7. 整理資料，改進服務質量

企業應認真收集、記錄顧客的反饋資料，並將資料整理分類，

評估企業提供服務時所出現的問題，從而有助於企業做好服務補救。另外，還要採取各種措施，持續改進服務質量，提高所有顧客的滿意度。

第二節　客戶投訴的管理流程

（一）客戶投訴的接待流程

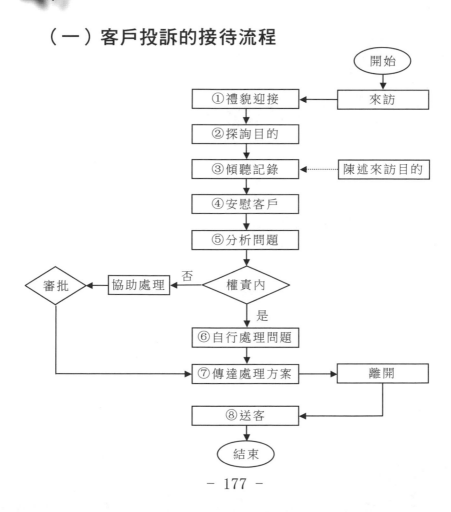

表 10-2-1　客戶投訴的接待流程說明

關鍵點	相關說明
①	看到客戶來訪，客戶投訴專員禮貌迎接，根據相關禮儀要求接待客戶
②	將客戶引領至會客室，與客戶溝通，探詢客戶來訪目的
③	在與客戶面談的過程中認真傾聽、記錄，瞭解客戶的真正要求
④	若客戶因使用產品遭受傷害或損失，客戶投訴專員應適時安慰客戶，緩解客戶的憤怒情緒
⑤	耐心傾聽客戶敍述，對客戶所述問題進行分析
⑥	若在自己的權責範圍內，可及時提出解決方案，並與客戶商討問題解決辦法，直至客戶滿意
⑦	若在自己的權責範圍內，可先答應客戶為其解決問題，安排其回去等消息；或者讓客戶等候，將客戶所述情況上報，由客服部經理提出解決方案，報客服總監審批，然後將解決方案通知客戶
⑧	若客戶對解決方案滿意，則客戶投訴專員送客戶離開；若客戶不滿意，則重新商談解決方案。（注意：在此過程中，客戶投訴專員應始終保持微笑、禮貌待客、耐心服務，讓客戶滿意而歸）

（二）客戶投訴的公司內部處理流程

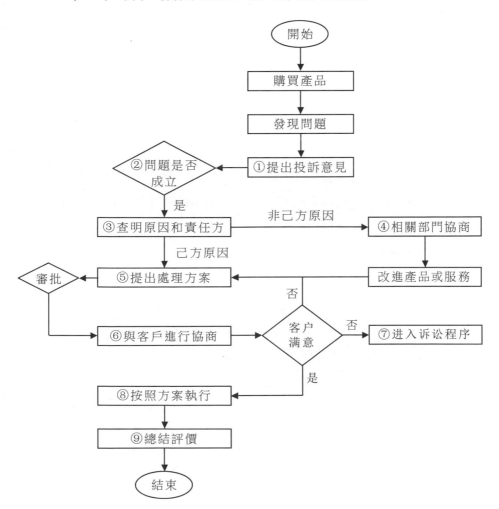

表 10-2-2　客戶投訴處理流程說明

關鍵節點	相關說明
①	客戶購買產品後發現問題,向企業客服投訴人員提出投訴意見,客服人員應做好投訴記錄
②	客服投訴人員接到投訴之後先判斷客戶投訴是否成立,若客戶投訴不成立應婉轉答覆客戶
③	若客戶投訴問題成立,客服投訴人員應確定投訴的原因及責任方
④	對於客戶投訴屬產品問題還是需要同其他部門協商解決的問題,由客戶服務部組織相關部門進行研討,提出產品與服務改進意見
⑤	對於由本企業原因導致的問題,由客戶服務部檢查具體原因,提出處理意見
⑥	客戶投訴專員根據確定的客戶投訴處理方案與客戶進行溝通、協商
⑦	對於多次溝通仍不能解決的問題,客戶也可以通過訴訟程序解決
⑧	客戶若接受處理方案,可按照此方案執行;客戶若不接受此方案,可多次溝通進行協商,確定最終的解決方案
⑨	客服投訴人員及時總結經驗教訓,避免再次出現類似情況

第三節　客戶投訴案件處理辦法

1.目的

為保證客戶對本公司商品銷售行為所發生的客戶投訴案件有統一的處理手續和辦法，防範類似行為的再次發生，特制定本辦法。

2.適用範圍

本辦法所指客戶投訴案件是指出現第三條所列事項，客戶提出減價、退貨、換貨、無償修理加工、損害賠償、批評建議等。

3.具體內容

⑴客戶的正當投訴範圍包括：

①產品在品質上有缺陷。

②產品規格、等級、數量等與合約規定或與貨物清單不符。

③產品技術規格超過允許誤差範圍。

④產品在運輸途中受到損害。

⑤因包裝不良造成損壞。

⑥存在其他品質問題或違反合約問題。

⑵本公司各類人員對投訴案件的處理，應以謙恭、禮貌、迅速、週到為原則。各被投訴部門應盡力防範類似情況的再度發生。

⑶業務部所屬各營業所應做到：

①確定投訴案件是否受理。

②迅速作出處理通知，督促盡快解決。

③根據有關資料，裁決有關爭議事項。

④儘快答覆客戶。

⑤決定投訴處理之外的有關事項。

⑷客戶服務中心的職責是：

①檢查審核投訴處理通知，確定具體的處理部門。

②組織投訴的調查分析。

③提交調查報告，分發有關部門。

④填寫「投訴統計表」。

⑸各營業部門接到投訴後，應確認其投訴理由是否成立，呈報上級主管裁定是否受理。如屬客戶原因，應迅速答覆客戶，婉轉講明理由，請客戶諒解。

⑹各營業部門對受理的投訴，應作詳細記錄，並按下列原則作出妥善處理：

①凡屬品質缺陷，規格、數量與合約不符，現品與樣品不符，超過技術誤差時，填寫「投訴記錄卡」，送客戶服務中心。

②如純屬合約糾紛，應填寫「投訴記錄卡」，並附處理意見，送公司有關領導裁定處理。

③如屬發貨手續問題，依照內銷業務處理辦法規定處理。

⑺客戶服務中心在接到上述第一種情況的「投訴記錄卡」時，要確定具體受理部門，指示受理部門調查，記錄卡一份留存備查。

⑻受理部門接到「投訴記錄卡」後，應迅速查明原因。以現品調查為原則，必要時進行記錄資料調查或實地調查。調查內容包括：

①投訴範圍（數量、金額等）是否屬實。

②投訴理由是否正當。

③投訴原因調查。

④投訴調查分析。

⑤客戶要求是否正當。

⑥其他必要事項。

⑼受理部門將調查情況匯總，填寫「投訴調查報告」，隨同原投訴書一同交主管審核後，交客戶服務中心。

⑽客戶服務中心收到調查報告後，經整理審核，呈報營業部主管，回覆受理部門。

⑾受理部門根據客戶服務中心意見，做出具體處理意見，報經上級主管審核。

⑿受理部門根據上級意見，以書面形式答覆客戶。

⒀「投訴記錄卡」中應寫明投訴客戶名稱、客戶要求、受理時間和編號、受理部門處理意見。

⒁「投訴記錄卡」的投訴流程：

第一聯，存根——營業部門留存備查。

第二聯，通知——營業部門連同第四聯～第七聯交送客戶服務中心。

第三聯，通知副本——營業部門呈報上級主管。

第四聯，調查——由客戶服務中心連同第五聯交受理部門。

第五聯，調查報告——由受理部門調查後交客戶服務中心。

第六聯，答覆——客戶服務中心接到調查報告，經審核整理後，連同調查報告回覆受理部門。

第七聯，審核——客戶服務中心呈報部主管審核。

⒂調查報告內容包括發生原因、具體經過、具體責任者、結論、對策和防範措施。

⒃調查報告的處理流程：

第一聯，存根──由受理部門留存備查。

第二聯，報告──連同第三、第四聯交客戶服務中心。

第三聯，答覆──由客戶服務中心連同「投訴記錄卡」第六聯交營業單位。

第四聯，審核──由客戶服務中心連同「投訴記錄卡」第七聯呈報部主管審核。

⒄客戶服務中心應於下月初 5 日內填報「投訴統計表」，交部門主管審核。

⒅投訴處理中的折價、賠償處理依照有關銷售業務處理規定辦理。

🔊)) 第四節　案例：食品界客戶抱怨管理流程

一、處理顧客抱怨的部門職責

為求維護公司信譽，促進品質改善與售後服務，我們必須迅速處理客戶抱怨，由於處理客戶抱怨的工作錯綜複雜，因此針對這個「客戶抱怨」工作，我們必須設定各個相關部門的處理職責，處理職責一旦分配妥當，工作才不會有所漏失。

例如在食品界著名的樂樂公司，針對客戶的抱怨處理工作，主要就區分為兩個大方向，業務部門負責對外的聯繫、協調工作，而生產部門負責對內的調查、分析、改善工作。一般企業處理客戶抱

怨的職能部門聯繫如下：

項　目		主辦部門
客訴調查及處理	客訴反應	業務部
	調查	製造部（品管部）
客訴改善及追蹤	責任歸屬判定	總經理室生管組
	處理期限管理	總經理室生管組
	檢驗	品檢課
	收料	倉儲單位
客訴改善及追蹤	改善表提出	總經理室生管組
	改善項目擬定	製造部
	改善項目確認	總經理室生管組
	改善項目執行	有關部門
	改善項目跟催	總經理室生管組

(一)業務部門

1. 詳查客訴產品的訂單編號、料號、數量、交運日期、不良數量。

2. 瞭解客戶客訴要求及客訴理由的確認。

3. 協助客戶解決疑難或提供必要的參考資料。

4. 迅速傳達處理結果給客戶。

(二)品管部

1. 綜理客訴案件的調查、提報與責任人員的擬定。

2. 發生原因及處理、改善對策的檢討、執行、跟催、防止、追蹤及改善成果的提報。

3. 客訴品質的檢驗確認。

（三）總經理室生管組

1. 客訴案件的登記，處理時效管制與逾期反應。

2. 客訴內容的審核、調查、提報。

3. 客訴的連系。

4. 處理方式的擬定及責任歸屬的判定。

5. 協助有關部門與客戶接洽客訴的調查及妥善處理。

6. 客訴處理中客訴反應的意見提報有關部門追蹤改善。

7. 客訴改善案的提出、經辦、執行成果的跟催及效果確認。

（四）製造部門

1. 針對客戶的客訴內容詳細調查，並提出相關意見。

2. 提報生產單位、生產班別、生產人員，及生產日期。

3. 對客訴擬定對策，並追查執行狀況。客戶抱怨處理表把客戶抱怨進行量化細分處理的辦法，就是儘快建立一套客戶抱怨處理表。

凡遇處理抱怨工作，即應填寫「客戶抱怨處理表」，並注意該表單的流向，此表的聯數多寡，視企業規模大小，組織編制，而自行統籌規範，惟表格必須「填具日期」，而且各部門處理情況，也應在其上「註明日期」；為防止工作漏失，應有流水編號的控制。

例如，我們可以規定客戶抱怨案件處理表其傳遞單位如下：

1. 第一聯（存根）：營業單位填妥後抽存備查。

2. 第二聯（通知）：由營業單位連同寄送品管單位。

3. 第三聯（通知副本）：由營業單位呈部主管。

4. 第四聯（調查）：由品管單位連同第五聯交付發生單位。

5. 第五聯（調查報告）：由發生單位於調查後送品管單位。

6. 第六聯（答覆）：由品管單位接到營業單位的記錄卡，抽存於接到發生單位的調查報告書後，連同報告書寄通知營業單位。

7. 第七聯（報核）：同第六聯的方法整理後，連同調查報告書呈報部主管。

此外在抱怨處理表單的流程，我們亦加以規定：

1. 業務部門一接到有客戶抱怨的反應，立即填寫「客戶抱怨處理表」。

2. 生管組接到業務部門的「客戶抱怨處理表」後，即編列編號並登記於「客戶抱怨案件登記追蹤表」，送品管部追查分析原因及判定責任歸屬部門後，送生產單位分析異常原因與批定處理對策，並送經理室提示意見，另依異常狀況送研發部示意見，再送回總經理室查核後，送回業務部門擬定處理意見，再送總經理室綜合意見後，依核決許可權呈核再送回業務部處理。

3. 業務人員收到總經理室送回的「客戶抱怨處理表」時，應立即向客戶說明、交涉，並將處理結果填入表中，呈主管核閱後送回總經理室。

4. 經核簽結案的「客戶抱怨處理表」第一聯品管部份，第三聯製造部門存，第三聯送業務部門依批示辦理，第四聯送會計課存，第五聯總經理室存。

二、處理客戶抱怨的時間限制

當發生顧客抱怨的案件時，我們應以機警、誠懇的態度加以受理，各級人員對客戶的抱怨案件，應以謙恭禮貌的態度迅速處理。

　　例如某製造廠商的營業單位，若接到客戶申訴案件時，應確認其申訴內容（應檢附缺點樣品標籤或製造號碼），呈報主管核准是否受理，如是因客戶誤認缺陷或其原因責任在於客戶者，應答覆不予受理，並婉轉說明，使客戶諒解。

　　各營業單位對於決定受理的案件，應作成記錄後，迅速加以處理，例如我們可以規定「第一，凡屬品質缺陷或規格、數量、長度與製品的標示有異、及與所附樣品不符或超過容許誤差範圍者，應將申訴案件記錄卡以速件移送品管單位。第二，純系契約上的問題，且與上項事由完全無關者，應擬具意見添附申訴案件記錄卡，呈報總公司部主管核定。第三，系屬出貨手續上的錯誤者，依內銷業務處理辦法規定辦理。」

　　客戶抱怨處理，必須迅速，因此各部門在處理客戶抱怨時，理應設定處理時限，以控制時效。第一個控制時效是業務部門的對外處理，不只要迅速前往處理，而且按照規定要填具「客戶抱怨處理表」。例如規定「業務部人員於接到客戶反應產品異常時，應即查明該異常的有關背景資料、客戶要求等各項，並即填「客戶抱怨處理表」連同異常樣品等有關資料經主管簽註意見後，送總經理室辦理」。

　　初步接洽後，接下來是深度的調查分析工作，由專業人員對「客戶抱怨項目」做調查分析，並提出建議作法，例如規定「為及時瞭解客戶反應異常內容及處理情形，由品管部或有關人員於調查處理後三天內提出報告呈總經理批示。」或者是「總經理室生管組接到業務部填具交涉結果的「客戶抱怨處理表」後，應於一日內就業務與工廠的意見加以分析作成綜合意見，依據核決許可權分送業務部經理、副總經理或總經理核決。」

　　不論「客戶抱怨」是何項目，均應迅速處理、並且限時結案，若是受限於案件大小，限時結案有其困難，因此，在實務上，我們可以設定以「客戶抱怨處理表」流向各部門的處理期限為控制標的。例如規定「客戶抱怨處理表的處理期限，自總經理受理起國內 10 天、國外 17 天內結案。」

各單位客訴處理作業流程處理期限

單位	總經理室	品管部	製造部	研發部	業務部門	業務部門處理
期限	1 天	/	/	/	國內 3 天 國外 7 天	6 天

　　「對於逾期處理尚未結案的『客戶抱怨』，主辦單位可以開立『催辦單』，督促相關部門加速處理」。

　　對每件「客戶抱怨」解決後，為求一勞永逸，必須進行統計分析，以利企業內部的檢討改善，例如規定「生管組每月十日前，匯總上月份結案的案件於『客戶抱怨案件統計表』，會同製造部、品管部、研發部及有關部門主管判定責任歸屬確認及比率，進行檢討改善對策及處理結果」。

第五節　顧客投訴的麥當勞規範處理

　　麥當勞速食店為了讓各分店人員能以公正態度對待所有顧客的投訴，也為了提高顧客投訴意見的處理效率，特歸納出處理投訴的基本原則與基本方式，並編制成手冊，並將其作為日後連鎖分店的教育訓練教材。

　　根據顧客投訴方式的不同，麥當勞分別採取了相應的處理方式：

1. 電話投訴的處理方式

　　⑴有效傾聽。仔細傾聽顧客抱怨，站在顧客的立場上分析問題的所在，同時以溫柔的聲音及耐心的話語來表示對顧客不滿情緒的理解。

　　⑵掌握情況。儘量從電話中瞭解客戶所投訴事件的基本信息。其內容主要包括：什麼人來電投訴，該投訴事件發生在什麼時候、什麼地方，投訴的主要內容是什麼、其結果如何。

　　⑶存檔。如有可能，應把顧客投訴電話的內容予以錄音或記錄存檔，尤其是顧客投訴的情況較特殊或涉及糾紛時。存檔的資料可以成為日後連鎖企業門店教育培訓的生動教材。

2. 書信投訴的處理方式

　　⑴轉交店長。門店收到顧客的投訴信時，應立即轉交店長，並由店長決定該投訴今後的處理事宜。

　　⑵告之顧客。門店應立即聯絡顧客通知其已收到信函，以表示出門店誠懇的態度和認真解決該問題的意願。同時與顧客保持日後

的溝通和聯繫。

3. 當面投訴的處理方式

· 將投訴的顧客請至會客室或閒店賣場的辦公室，以免影響其他顧客購物。

· 千萬不可在處理投訴過程中離席，讓顧客在會客室等候。

· 嚴格按總部規定的「投訴意見處理步驟」妥善處理顧客的各項投訴。

· 各種投訴都需填寫「顧客抱怨記錄表」。對於表內的各項記載，尤其是顧客的姓名、住址、聯繫電話以及投訴的主要內容必須覆述一次，並請對方確認。

· 如有必要，應親赴顧客住處訪問道歉解決問題，體現出門店解決問題的誠意。

· 所有的抱怨處理都要遵循已制定的結束期限。

· 與顧客面對面處理投訴時，必須掌握機會適時結束，以免因拖延時間過長，既無法得到解決方案，也浪費了雙方的時間。

· 顧客投訴一旦處理完畢，必須立即以書面方式通知投訴人，並確定每一項投訴內容均得到解決及答覆。

· 由消費者協會轉來的投訴事件，在處理完畢之後必須與該協會聯繫，以便讓對方知曉整個事件的處理過程。

· 對於有違法行為的投訴事件，如寄放櫃台的物品遺失等，應與當地的派出所聯繫。

· 謹慎使用各項應對措辭，避免導致顧客的再次不滿。

· 要記住每一位提出投訴的顧客，當該顧客再次來店時，應以熱誠的態度主動向對方打招呼。

第六節 網購業者的精彩案例

一、網購投訴處理管理規定

某企業實施網購投訴處理，其管理規定如下：

第 1 條 適用範圍

為了規範客戶對網購商品的投訴處理流程，提高本企業網路購物的服務品質及產品品質，特制定本規定。

凡因通過網路購買本企業商品而產生的異議處理，均適用本規定。

第 2 條 職責

本企業客戶投訴專員負責客戶投訴信息的記錄和傳遞。

第 3 條 處理原則

⑴客戶投訴專員無權對網購投訴客戶許諾任何處理意見，所有相關投訴必須由客戶投訴主管或客戶服務部經理處理。

⑵客戶投訴專員須對網購商品的相關投訴信息進行記錄，並轉交給客戶投訴主管或客戶服務部經理處理，同時對處理進程及結果進行跟蹤。

⑶客戶投訴部門對網購商品的投訴處理流程等同於門店商品投訴的處理流程。

第 4 條　處理過程

(1)投訴受理

客戶投訴專員詳細記錄網購商品投訴信息，填寫如下「網購商品投訴處理登記單」。

表 10-6-1　網購商品投訴處理登記單

編號：　　　　　　　　　　　　　　　　　年　　月　　日

客戶姓名		投訴類型	□商品 □送貨 □安裝 □服務
電話		商品型號	
電子郵件		MSN	
具體內容			

(2)投訴處理

客戶投訴專員將登記單以電子郵件的形式轉交相關部門處理，須確認相關部門是否收到郵件並記錄接受信息人員姓名，以便進行處理結果的跟蹤。

(3)投訴結果回饋

相關部門做出投訴結果處理後，由客戶投訴專員在第一時間以電子郵件方式將結果通知投訴客戶。

第 5 條　客戶投訴主管定期組織客戶投訴專員通過電子郵件或電話回訪的方式對投訴客戶進行投訴效果調查，以確定本企業客戶投訴處理的效果及客戶滿意度。

第 6 條　客戶投訴專員定期對客戶投訴處理情況及客戶滿意度情況進行匯總，向客戶服務部經理彙報。

第 7 條　本規定呈總經理核准後實施，修訂時亦同。

二、網購退換貨管理規定

第 1 條　公司根據相關的法律、法規制定公司產品和商品退換貨的具體規定。

第 2 條　凡在本公司正常出售的商品，不汙、不損且不影響正常銷售的，消費者可無理由地憑購物發票或其他相關憑證予以退換（食品、藥品、化妝品、貼身用品、黃金珠寶、感光器材、煙、酒、口吹樂器、電池等商品不在退換之列）。

第 3 條　凡能證明是本公司出售的維修保證產品，售出 7 日內按正常商品退換；7 日後如需退換，需出示相關部門的商品品質檢驗

報告。

第 4 條　在辦理退換貨事項時，在商品價格的確認上，應注意以下 3 點。

(1)在購買時，若有降價折扣，按價格折扣退換。

(2)對於季節性商品，若客戶沒有及時退換，應按現價退換。

(3)因本公司責任而導致商品的損壞，按原價退換。

第 5 條　因消費者使用、洗滌、保養不當而導致出現問題的商品，則不予退換；但店鋪工作人員可以幫助顧客修理或積極、誠懇地與消費者協商，尋求妥善的解決辦法。

第 6 條　公司的倉庫、運輸、財務、生產製造部門要支援和配合售後服務部門的產品退換貨工作。

第 7 條　凡在商品退換貨過程中推諉顧客、激化矛盾、影響店鋪聲譽者，且無正當理由的售後服務人員，商場要追究當事者責任，並按商場有關規定予以處罰。

第 8 條　查清退貨和換貨的原因，追究造成該原因的部門和個人的責任，並作為其業績考核的依據之一。

第 9 條　因產品或服務品質而引起客戶向本公司、新聞媒體等相關部門進行書面或口頭申訴時，應按以下方式處理。

(1)公司所有人員一旦發現上述投訴或投訴趨勢，應立即報告售後服務部。

(2)售後服務部負責組織有關人員進行處理，確保用戶滿意且處理結果予以記錄、存檔保存。

(3)售後服務部查清用戶投訴的原因，並納入對相關責任人的考核體系中。

三、客戶投訴的責任處罰規定

為了提高公司的信譽度，為了明確客戶投訴造成公司損失的處罰的方式，相關部門必須承擔，特制定本規定。

1. 適用範圍

適用於公司對客戶投訴處罰的各部門相關活動。

2. 職責

⑴客戶投訴處罰的責任歸屬。業務部門、服務部門以歸屬個人為原則，未能明確歸屬至個人者，應歸屬至部門。

⑵製造部門以各組為最小單位，以歸屬至責任發生那個組為原則，未能明確歸屬至責任發生組者則歸屬至全部門。

3. 具體內容

⑴客戶投訴處罰方式

①客戶投訴案件處罰依據「客戶投訴處罰判定基準」的原則，判定有關部門或個人，予以處罰個人效益獎金，其處罰金額歸屬公司。

②客戶投訴處罰按額度分別處罰。

③客戶投訴處罰標準依「客戶投訴損失金額核算基準」，責任歸屬部門的銷售人員，以損失金額除以該責任部門的總基點數，再乘以個人的總基點數為處罰金額。

④客戶投訴處罰最高金額以全月效率獎金 50%為準，該月份超過 50%以上者逐月分期扣罰。

⑵服務部門的處罰方式

①歸屬至個人的,依照製造部的責任部門處罰方式。

②歸屬至發生部門的,依照製造部全部門的處罰方式。

⑶製造部門的處罰方式

①歸屬至責任部門的,依照「客戶投訴處罰標準」計扣該部門應罰金額。

②歸屬至全部門的,依照「客戶投訴處罰標準」每基點數處罰計算全部門每人的基點數。

第 *11* 章
售後服務的商品退換工作

正確處理售後商品的退換，有助於服務口碑的提高，取得消費者信任。首先要查明退貨的原因，並進行分析與制定防止對策，還應根據不同商品、不同條件，規範好商品退換的接待要求，制訂具體的商品退換貨準則、流程及處理辦法。

第一節　商品退換的意義

商品退換是普遍發生的現象，是售後服務的重要內容。

正確處理售後商品的退換，有助於企業服務口碑的提高，反映了對消費者認真服務的精神，進一步取得消費者對企業的信任。

一、商品退換的意義

商業企業應根據不同商品、不同條件，制訂具體的商品退換處理辦法，分別作出正確地處理。

商品的退換對於商業企業來說，是經常性的工作，而對消費者

來說，是消除購物心理障礙的最有效方法。企業想擴大銷售，增加效益，就要做好出售商品的退換。其主要表現在：

1. 做好出售商品的退換，可以消除顧客購買商品時的恐懼心裏，特別是對那些為親友、朋友代購而又不能做最終決定的顧客，可增加其購買決心。

2. 做好出售商品的退換，是企業擴大影響，建立良好信譽的重要手段，是吸引更多消費者光顧的有效指標，是促銷的前提，是效益的保證。

3. 做好出售商品的退換，是企業落實為廣大消費者服務承諾的要求，是企業經營者的責任和義務，是商業企業信譽的保障和自身發展的內在要求。

4. 做好出售商品的退換，是企業服務於顧客的需要，使經營者的經營更完善。

5. 做好出售商品的退換，通過商品的退換，可以檢驗商業企業出售商品的優劣，服務的好壞，經營落實的虛實，是企業經營自我檢驗評價的良方。

二、商品退換的原則

商品的退換並不是無原則的，它是建立在公平、合乎法律原則之上的，以最大限度地滿足消費者的需要為前提，合理解決顧客的消費難題，保護消費者權益。

商品退換的原則是：

1. 只要「商品退換符合公司利益」，已購商品都可以退換。例如

為企業形象，企業公關宣傳之目的。

2.一般商品只要不殘、不髒、不走樣，沒有使用過、不影響出售的，都可以退換。

3.有些商品，如服裝，雖然顧客試穿過，但商品質量確實有問題，應予以退換。

4.過期失效，殘損變質、稱量不足的商品未經檢查而賣出去的，一律予以退換。

5.精度較高的商品，如能鑑別出確屬質量不佳，可以根據具體情況，靈活處理。

6.凡食品、藥品、已剪開或撕斷的大量商品、買後超過有效期的商品、不易鑑別內部零件的精密商品、出售後不再經營的商品、不易鑑別質量的貴重商品，以及已經污損不再出售的商品，一般不予退換。

工作人員對待商品退換問題應當有正確的認識，要認真做好商品進銷過程的各項工作，保證出售商品數量準確、質量完好，並實事求是地宣傳介紹，使消費者買到適合需要的商品。

對於不能退換的商品，在出售時應先向顧客說明。既要儘量避免和減少商品退換情況，又要妥善處理要求退換商品的情況，聽取消費者對商品和服務工作的意見，及時向有關部門反饋，並改進企業的服務工作，促進產品適銷對路和提高質量。退換商品時應按規定辦理手續，加強退貨管理。

第二節　商品退換的接待要求

　　商品的退換工作是售後服務的一個重要方面，售後服務人員應該本著既對企業負責，也對顧客負責的精神，區別情況，妥善處理。

1.顧客要求退換的商品沒有保持原樣怎樣辦？

　　要求：服務台服務人員應分別不同情況，熱情接待妥善處理。

　　⑴按規定，顧客人為造成的髒殘，不能退換。

　　語言：「先生/小姐，對不起，您的商品沒有保持原樣，按規定不能退換。」

　　⑵顧客要求退換的商品屬質量問題，商場服務台服務人員認定後不但應當退換，而且應主動道歉。

　　語言：不好意思，我們可以負責退換。」

2.顧客要求退換的商品屬削價的怎麼辦？

　　要求：營業員向顧客講清，削價商品一律不退換。

　　語言：「對不起，請您諒解，削價商品一律不退換，這是有事先規定的。」

3.顧客來退換的商品在使用中發現確屬質量問題怎麼辦？

　　要求：凡是已用過的商品已經汙損，應負責整修，不能整修的，可與顧客協商採取拆換質量有問題的部位，或是以按質論價的辦法處理，也可視商品的汙損程度，協商折價收回。

　　語言：「您退換的商品確實屬於質量問題，我們一定妥善解

決。」

4.裁剪類商品要求退換時怎麼辦？

要求：營業員應向顧客說明，布料從整匹上剪下來後是不能退換的，如顧客執意要退，一般可採取代賣或按剪裁商品的折價規定處理。

語言：「按規定這是不能退換的，如您同意咱們商量一下，按剪裁商品折價規定處理或給您代賣。」

5.食品、藥品、首飾、貼身衣物要求退換時怎麼辦？

要求：按規定、經檢驗這幾類商品不屬於質量問題，售出後一律不給予退換。如確屬質量問題，應馬上退換，並向顧客賠禮道歉。

語言：「請原諒，這幾類商品按規定不屬質量問題，一律不予退換。」

如確屬質量問題，由營業員陪顧客到顧客服務台認定後要馬上給予退換，並賠禮道歉。

語言：「請原諒，我這就幫你退換」。

第三節 訂立商品退換貨準則

一、商品退貨的準則

1. 顧客收到商品後，假如對商品不滿意，且也沒有投入使用，則收到商品後十日內將商品送達到銷售企業（以簽收日為準），保證退貨或更換，但顧客需承擔因此原因退換所產生的費用。購買商品的顧客，如在收到商品後發現商品存在質量問題，可以在收到該商品後以電子郵件或電話的方式通知顧客服務部，告知其退換貨原因：註明具體要求（是要求退貨還是換貨）。

2. 退回商品時，顧客務必將所退換商品完整的外包裝、附件、說明書、保修單、發票以及退換貨原因的說明等隨同產品一起退回，即商品應當保持原銷售狀態，銷售企業應在接到顧客退回商品後的兩個工作日完成確認。

3. 出現下列任何一種情況，顧客不能享受退換貨承諾：

⑴產品曾受到非正常使用、非正常條件下存儲；

⑵產品曾暴露在潮濕環境中、在溫度過高或過低溫度中；

⑶未經授權的修理、誤用、疏忽、濫用、事故、改動；

⑷不正確的安裝；

⑸食物或液體濺落；

⑹不可抗力；

⑺產品的正常磨損等；

⑻退回產品的外包裝不完整；

⑼退回產品的配件及所附資料不全；

⑽退回產品的發票丟失、塗改或損壞；

⑾超出質量保證期的商品；

⑿顧客在退換貨之前未與銷售企業顧客服務部取得聯繫；

⒀產品並非由本企業售出。

4.超過質量保證期的商品，銷售企業也會與廠家一同協助顧客解決質量問題。由此增加的費用由顧客承擔。

5.為確保實現顧客的更換或退貨要求，銷售企業在此須再次提醒顧客保持商品的原銷售狀態。

6.所售出的耗材類產品如無質量問題，不能享受企業的退換貨規定。

7.如果顧客的產品在質量保證期內出現非人為損壞的問題，請顧客與生產幫家直接聯繫，銷售企業也積極協助顧客解決問題。

二、商品退貨的流程

退貨流程：

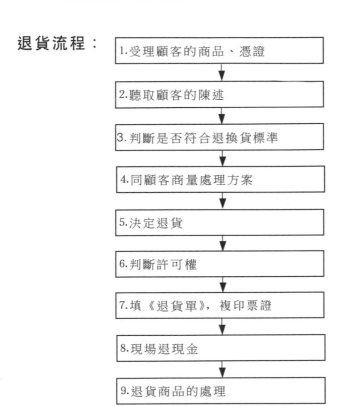

1. 受理顧客的商品、憑證

2. 聽取顧客的陳述

3. 判斷是否符合退換貨標準

4. 同顧客商量處理方案

5. 決定退貨

6. 判斷許可權

7. 填《退貨單》，複印票證

8. 現場退現金

9. 退貨商品的處理

1. 受理顧客的商品、憑證：

接待顧客、並審核顧客是否有企業的收銀票據，購買時間，所購商品是否屬於家電商品或不可退換商品；

2. 聽取顧客的陳述：

細心平靜地聽取顧客陳述有關的抱怨和要求，判斷是否屬於商品的質量問題；

3. 判斷是否符合退換貨標準：

以顧客服務的準則，靈活處理，說服顧客達成一致的看法，如不能滿足顧客的要求而顧客仍然堅持的話，就請示上一級管理層處理；

4. 同顧客商量處理方案：

提出解決方法，儘量讓顧客選擇換貨；

5. 決定退貨：

雙方同意退貨；

6. 判斷許可權：

退貨的金額是否在處理的許可權範圍內；

7. 填《退貨單》，複印票證：

填寫《退貨單》，複印顧客的收銀票據；

8. 現場退現金：

在收銀機現場進行現金退還流程，並將交易號碼填寫在《退貨單》上，其中一聯與收銀票據釘在一起備查；

9. 退貨商品的處理：

將退貨商品放在商品區，並將《退貨單》的一聯貼在商品上。

《退貨單》共二聯，一聯退換處留底，營業結束後經收銀經理/保安檢查後上繳現金室，另一聯附在商品上，營業結束後隨商品返回樓面。

🔊 第四節　要查明商品退貨的原因

商品退貨會形成企業經營的困擾，尤其是退貨量大，更有造成資金週轉不靈之危險。處理商品退貨，要辦的第一件事就是要查明退貨的原因。

第一線業務員部門要瞭解「為何會退貨」，依規定是否可接受此批退貨。

扣除退貨後的銷售額稱為淨銷售額；從淨銷售款扣除銷售成本稱為毛利。要分析退貨在銷售額中的比率，同時也要分析近期的退貨率是否增加。這種比率在經濟景氣和不景氣時大不相同。例如，退貨率在景氣時為 5%，而不景氣時則 15%。儘管品質沒變，但退貨率為什麼卻上升了。

在內部的管理中，「清點退貨商品」、「商品數量準確性」屬於倉儲部門；「退貨商品確保品質無誤」屬於品管部門；「調整應收帳款餘額」、「票據重新處理」屬於會計部門。

商品退貨首先要瞭解原因，下表為某紡織廠遭受退貨的原因分析與防止對策：

以商場而言，百貨店與商場經常遇到顧客剛買走商品又回來退換的情況，下面是某樂器部資深銷售員的作法：

顧客之所以要退換商品，是因為買到的東西不理想，或者商品有毛病。如果在顧客挑選商品的時候，我們能夠把商品性能、質量介紹清楚，也許會減少顧客退貨的機會。可見顧客退換商品，我們

是有一定責任的。有一次,我們購進一批娛樂琴,由於出廠時琴弦調得太緊,運輸過程中震動得厲害,大部份都崩斷了。對這樣的商品,如果我們沒有逐個檢查,顧客挑選時又不注意,就更容易造成退貨。

表 11-4-1　退貨原因

退貨原因		說明
製造技術	品質不良 (應以賠償方式理賠)	手感不佳,染色不均,幅寬不足,損傷,長度不對,規格不符,染色錯誤,顏色不齊,批號不對
銷售方面	依商場習慣所發生的退貨	銷售技巧上所常有的更改顏色
	手續上錯誤,如傳票填寫錯誤等所引起的錯誤的聯絡(發貨錯誤)、合約變更	重覆發貨,數量錯誤,色號不能,發錯顧客,商品號碼不符,規格不符,交期不對
顧客方面	顧客的不良庫存	顧客的預測準備,流行發生變化所致的退貨(不當的退貨)
	顧客的聯絡不當	顧客(批發商等)之聯絡錯誤
倉庫及貨運方面	保管不當	淋濕,弄髒,損傷等保管不當
	延遲送達	
	發貨錯誤	
交貨方面	交貨遲延	重覆發貨,數量錯誤,各類不對,規格不符,發錯顧客,交期不對。

退貨原因	防止對策
交貨遲延	如有交貨遲延時,應取得顧客的諒解才交貨。
發貨錯誤	業務員、交貨管制承辦人員應嚴密查核。
品質不良	染整廠應徹底實施發貨前檢查,如估計可能發生問題時,應事先取得顧客的諒解。
不當退貨	因根深蒂固商業習慣無法即時消滅,業務承辦人員應與顧客保持良好的關係,將不當退貨防患於未然。

　　為了避免退換，工作不忙時，我把所有的琴都檢查一遍，將斷弦、裂紋挑出來，該配弦的配弦，該修理的修理，保證了商品的完好。有位顧客看我逐個地挑檢，問我：「你怎麼檢查這麼仔細！」我說：「如果不這樣檢查，顧客買後發現有問題，不是還得回來換嗎？」他點點頭說：「我正好要給別人代買一個，看你這個仔細勁，給我挑一把吧。」當我把琴包裝好遞給他時，他高興地

　　其實，顧客退貨都是有原因的。當然，退貨原因不僅僅出現在商品本身，有時還出現在營業員服務工作的過程方面，但是，無論原因在那裡，企業都得有專人負責調查造成退貨的原因，然後針對整體原因採取對策，儘量減少顧客的退貨。

第五節　商場的換貨須知

一、售後服務中心

　　售後服務中心是承擔各類產品售後安裝、維修、保養服務的終端，A 家電商場售後服務遵循為消費者提供「親切、快捷、週到」的售後安裝維修服務原則，並對消費者承諾：從購買商品時起 24 小時內保證人員上門提供服務，銷售的各類產品都在其售後服務範圍之內，售後服務是售後服務中心工作重中之重。

　　冷氣機產品歷來有「三分產品，七分安裝」的說法，而夏季影響冷氣機銷售的關鍵因素是安裝與服務能力，安裝能力不夠，直接影響銷售數量與服務質量。A 家電商場做到了安裝到位（即買即裝），

80%24 小時安裝到位，20%在當天內到位，這是其他競爭對手根本無法想像的。電器行業普及的諸如上門設計、電話回訪、冷氣機無塵安裝等服務都是 A 家電商場率先實施開展的。

在 A 家電商場購買電器，從提貨、試機、送貨到搬運入戶、擺放到位整個過程都不需要顧客自己動手，真正實現「現代家電為您服務到家」；營業員協助顧客到庫房提貨；由倉庫提貨或送貨到試機台；由試機人員幫助顧客開箱驗機並調試；由送貨司機送貨到家並負責擺放到位；送貨司機對商品進行調試，並提供廠家售後電話；由廠家售後負責專業調試；售後電話回訪，建立顧客檔案。

配送中心是承擔顧客購買商品零售配送到戶的終端，A 家電商場對配送中心的服務要求是「快速、優質、滿意」。目前，A 家電商場配送中心配送可以達到全市各個鄉鎮，對顧客的承諾是：市區內 12 小時送貨上門，市區外 48 小時送貨上門。而且在旺季銷售高峰作業時，也能夠按照時間承諾配送到位。在按要求完成配送作業的基礎上，還推出了「綠色通道」的服務，為有特殊要求的顧客提供最短 3 小時送貨上門的服務，這是其他商家根本無法比擬的。

A 家電商場的配送服務除了常規性的倉儲配送之外，還在行業內率先推出上門調試的服務，縮短了顧客在商場的等待時間；還提供電話購物、上門收款服務內容。

二、退換貨須知

1. 具體內容

⑴消費者在 7 日內對所購商品不滿意，可以退貨。

⑵消費者在 15 日內對所購商品不滿意，可以換貨。

⑶消費者去退換貨過程中，必須持全部有效購物憑證，包括票據、電腦票據、銷售底聯。

⑷由於商品質量問題造成的退換貨運費由本公司承擔，由於顧客自身原因造成的退換貨運費由顧客承擔。

2.注意事項

⑴所退換商品必須外觀無人為損壞，附件及外包裝完好無損、齊全(如包裝不全，應收取一定的賠償金，賠償金的數額為該商品零售價的 10%)。

⑵顧客人為原因造成的質量問題，不予退換，由廠家售後維修部門負責維修；無質量問題的退換，原則上不能影響二次銷售，否則，不予以退換。

⑶此項活動不包括通訊商品及其配件以及攝像機、照相機、電腦、音像碟片、磁帶膠捲、剃鬚刀。

⑷安裝後的冷氣機、抽油煙機、熱水器、竈具、滾筒洗衣機以及其他用後留有使用痕跡、影響二次銷售的商品不參加此活動。

⑸單價 12000 元以上的商品、特價機、處理機、樣品機、附贈禮品或有禮券的商品不參加此活動(質量問題除外)；

⑹批發業務不在此活動範圍內。

第 *12* 章
售後服務的人員培訓

售後服務人員的素質直接影響到企業形象，培訓售後服務人員是一項非常重要的任務，依據培訓對象選擇好培訓技術方法，對公司售後服務人員分等級培訓，並對培訓效果加以評估，以便更好地為顧客服務。

第一節　售後服務員的素質要求

品德素養重於外在容貌，這是一個被無數事實證明了的道理。如果想為顧客提供優質的售後服務，那麼，作為售後服務人員，就必須提高自己的品質素養。

1. 增強敬業精神

敬業精神主要表現在對事業、對工作認真負責。敬業精神也就是指一個人熱愛工作的基本態度，有了這種精神或態度，才有工作的主動性和積極性。如果售後服務人員缺少敬業這種基本的心理品質，對任何工作都缺乏事業心、責任感，從心裏不想幹，甚至有一種惰性或好逸惡勞，工作的質量就無法保證。所以，敬業精神是售後服務人員最為重要的心理品質。

2.培養積極情感

心理學原理認為，情感是人對客觀事物是否符合需要的態度體驗。情感建立在認識的基礎上，認識水準越高，需要的領域就越寬。

售後服務人員應有高尚的情感，那就是熱愛自己的工作，熱愛所有的顧客。

對待工作滿懷激情，對待顧客滿腔熱情，對待別人具有極大的同情心，能助人為樂，這都是情感高尚的具體表現。售後服務人員還應充分認識到，服務工作本身就是情感密集性行為，因為我們是為有認識、有情感的賓客提供服務，以情感人是服務工作的出發點。「微笑」服務之所以為服務業所必需，是因為它能傳遞親切、友好的感情。

售後服務人員應努力提高自身的文化修養和精神境界，培養高尚、健康、積極向上的情感。高尚的情感既是專業工作的需要，也是為人處世之本。

3.養成開朗的性格

開朗的性格是售後服務人員應該具有的心理特徵之一。性格開朗表現為熱情坦率，喜歡與人交往，對生活和工作充滿樂觀性，關心週圍發生的事情，熱心公眾或公益事業，對人具有愛心和同情心，樂於助人等等。性格開朗有時也作為好性格的代稱，人們都樂於與好性格的人打交道。售後服務人員具有好心腸、好性格，就能博得客人的歡迎、同仁贊許和主管的賞識。

性格既受先天的影響，更受後天環境影響而逐漸成為個人較穩定的心理特徵。性格不夠開朗的售後服務人員應努力設法改變現狀，從沈默寡言、抑鬱寡歡的境地中解脫出來。售後服務人員對待

客人要熱情，要關心和同情，應該和狹隘、自私、驕傲、怠惰、好
計較個人得失、貪得無厭、性情孤僻等性格的不良特徵徹底決裂，
這對事業和工作、對個人前途都是十分必要的。開朗樂觀的性格特
徵不僅有利於工作，而且對個人的健康也非常有益。

4.鍛鍊堅定意志

售後服務人員在工作中經常會遇到各種困難。例如服務對象認
識不一，需求各異等。對於新職工來說，他們往往會遇到更多的困
難，例如：工作技能、語言表達等方面不夠熟練，有時因工作量較
大給身心帶來疲勞感，有時會碰到特殊情況或事故的發生。在這樣
的情況下，售後服務人員需要堅定的意志去戰勝這些困難。

5.提高服務水準

售後服務人員智力的發達程度將直接影響企業形象和服務質
量。人力資源的開發應將售後服務人員智力的開發放在重要位置，
售後服務人員智力水準的提高，將直接帶來社會效益。

智力即智慧的能力，也稱智慧，它包括注意力、觀察力、記憶
力、想像力、思考力和語言表達能力等。每一種智力都與能否勝任
服務工作有關。例如：注意力高度集中，就能專心致志地去做好每
一項工作；觀察力高度發展，就能隨時觀察並滿足顧客複雜的需要，
記憶力是掌握知識技能、記住顧客特徵和需求等方面不可或缺的，
想像力的豐富更是創造性地完成任務和開拓創新的基本保證；高度
發展的思維能力，能使員工實事求是地分析判斷週圍的事物。

售後服務人員不僅應耳聰目明，更應有智慧之光。怎樣應付錯
綜複雜的各類問題，如何透過現象看到本質所在，都要求售後服務
人員有高度的判斷能力。對服務工作來說，售後服務人員的語言藝

術尤顯重要。掌握語言表達的技巧，具有說服別人的本領，有說話使人高興的能力，這都是智力開發的內容。

6. 加強團結合作

敬業還必須合群。售後服務人員要想把工作做好，單靠個人的力量是不夠的。服務工作必須有各部門的通力協調配合，才能正常運轉。每個售後服務人員在自己崗位上努力工作，就像整個機器上的一個齒輪，是整體的一小部份。售後服務人員必須樂於大家在一起共同努力，把工作做好。尊重別人，願意和別人親密合作，是售後服務人員寶貴的心理品質。善於與人合作共事，就能創造良好的工作環境。大家團結友愛，心情舒暢，無疑會提高工作效率，尤其是服務質量。

◀))) 第二節　售後服務員的工作態度要求

售後服務影響顧客對公司的印象。而售後服務工作人員的良好工作態度，例如主動、熱情、耐心、週到，更是有重大影響力。

1. 主動

主動就是自身的主觀能動作用，即人們所說的自覺行動。要像做自己的事一樣，對售後服務的各項要求和可能出現的問題要想得早，想得全，想得急，真正做到想顧客所想，幫顧客所需。這就需要售後服務人員：

⑴要有堅實的基礎，樹立職業使命意識，以務實的態度和高度責任感對待自己的工作。

⑵堅守工作崗位，切實執行崗位責任制，自覺遵守紀律；嚴格按照服務流程、操作規範進行工作；發揚團結友愛地精神；主動與週圍工作人員密切配合。

⑶養成良好的工作習慣，不斷改進工作方法。

總之，要做到：不分厚薄，一樣照顧；不論閑忙，待客不誤；不嫌麻煩，方便顧客；不怕困難，優質服務。

2. 熱情

就是對待工作和顧客要有熱烈真摯的感情。要像對待親人一樣，以誠懇和藹的態度，親切體貼的語言，助人為樂的精神，使顧客感到「不是親人，勝似親人」。這就要求售後服務人員：

⑴儀容整齊，端莊、大方，態度誠懇、和藹；精神飽滿，給顧客在觀感上以良好印象。

⑵要以禮待人。尊重別人是熱情待人的基礎。講究禮貌，反映著我們的修養程度。

⑶全面照顧，一視同仁。

總之，要做到：待客禮貌，面容微笑；態度和藹，不急不躁；言語親切，積極關照；工作熱心，照顧週到。

3. 耐心

即人們通常所說的耐性。顧客和售後服務人員雙方因年齡、性別、文化、習慣、宗教信仰、價值觀念、性情脾氣等等的不同，對事物的理解、對生活的要求、表達情感的方法也迴異；同時，顧客遇到的困難形形色色，售後服務員的心境也千差萬別，因此，在相互影響中，難免有不相適應或不能配合，甚至發生誤會、反感、爭執等現象的發生。在這種情況下，若要使每個顧客都「高興而來，

滿意而走」，那就只有靠「理解」、靠「耐心」。這就要求售後服務人員有良好的修養，善於控制自己的感情，約束自己的言行。不意氣用事，不說粗暴無理的話，不做出無禮的舉動，而是平心靜氣、冷靜理智地說服解釋，使誤會得到消除，矛盾得到妥善合理地解決。

總之，要做到：面色和善，態度安祥；客多人雜，安排不亂；百問不煩，百答不厭；遇事不急，處理果斷。

4. 週到

即把工作做得細緻入微，面面俱到，即要把售後服務工作做得完全、徹底。上面介紹的主動、熱情、耐心三個方面，主要反映想法、感情和個人修養的問題，這是做好售後服務工作的重要前提。但是，僅僅有主動的精神，熱情的態度，耐心的品質並不能完全做好售後服務工作，還必須具有豐富的經驗，廣博的知識，熟練的業務技巧。細緻週到地做好每一件普普通通的工作，才能獲得顧客的高度滿意。

總之，要做到：一視同仁，待客誠懇；細緻，有條不紊；想顧客之所想，急顧客之所急；服務週全，符合標準。

服務態度的基本要求：主動、熱情、耐心、週到，是相互聯繫、密不可分的一個整體。優秀的售後服務員工能通過一件平凡普通的服務工作，生動地體現出這八個字四個方面的要求。關鍵是要有正確的人生觀和世界觀，掌握好了這點，就能在平凡的工作崗位上實現不平凡的人生，就可以從顧客的滿意中找到自我價值。

第三節　售後服務人員的工作規範

為了規範客戶服務人員的售後服務行為，要訂制度，端正服務態度，提高服務水準。

第一章　售後服務人員的服務規範

第一條　職責。

客戶服務部負責客戶服務人員的培訓工作，規範客戶服務人員的行為，提高售後服務水準。

第二條　儀容儀表。

上班時要求保持良好的精神面貌，身著統一的工作制服，並將胸卡佩戴於左胸口處，正面向外，不許有遮蓋，保持卡面清潔。非因工作需要，不得在辦公場所以外佩戴胸卡。

第三條　注意講究個人衛生。

1. 頭髮應修剪梳理整齊，禁止梳奇異造型。

2. 男員工不能留長髮，禁止剃光頭；女員工留長髮應以髮帶或髮卡夾住。

3. 女員工提倡上班化淡妝，不能濃妝豔抹。

4. 指甲應修剪整齊，保持乾淨。

第四條　禮貌用語。

售後服務人員必須使用禮貌用語，做到態度從容、言辭委婉、語氣柔和。

第五條　稱呼用語。

對男客戶可稱「先生」，最好稱為「某某先生」。對已婚女客戶可稱「夫人」，對未婚女客戶可稱「小姐」；如不知道女賓是已婚還是未婚，可稱「女士」或「小姐」。

第六條 問候用語。見到客戶時要主動問候「您好」「早上好」「下午好」。

第七條 電話禮儀。

1. 接電話時應在電話鈴響三聲內接聽電話，並說，「您好，這裏是舊車中心」。

2. 通話過程中請對方等待時應主動致歉：「對不起，請稍候」。

3. 接到的電話不在自己的業務範圍之內，應儘快轉給相關業務人員接聽；如無法聯繫應做好書面記錄，並及時轉告。

4. 通話結束，應待客戶掛斷電話後，方可掛斷。

第八條 其他注意事項。

1. 不論什麼類型的客戶，接待人員都應熱情接待，問清情況，積極處理。

2. 儘量在第一時間為客戶解決問題，讓客戶滿意而歸。

3. 如不能解決或不能滿足客戶提出的要求時，要儘量做好解釋說明或與客戶協商其他解決途徑。

第二章 上門服務人員服務規範

第九條 服務前準備。

1. 對客戶要求的上門服務準則：

(1) 準備充分，按時赴約。

(2) 有禮有節，勤於溝通。

(3) 全程負責，溫情告別。

2.形象準備。必須穿整潔的工作服，帶胸卡，帶名片。對待工作應認真負責。

3.資料準備。帶中心資質證明，評估師帶評估師證件，檢測表格，刑偵表格，必要時帶拓印工具和拓印紙。

4.心理準備。

⑴充分瞭解客戶信息，對上門的路線、時間要予以充分考慮。

⑵分析服務流程，擬好服務方案，注重細節，做到胸有成竹。

第十條　服務過程。

1.按時上門，嚴禁遲到或無故失約。

2.見到客戶要微笑，主動問候並自我介紹，同時出示相關證件。

3.詳細介紹本中心的服務流程、細節。

第十一條　服務過程中應主動向客戶解釋出現異議的原因，同時給客戶提出必要的建議和指導，耐心解答客戶的問題。

第十二條　根據與客戶的交談來瞭解客戶的心理和對產品服務知識的熟悉程度，不同客戶應用不同方式與之交談，尤其對於不瞭解該服務的客戶儘量少用專業術語。

第十三條　儘量避免在客戶休息或用餐時間上門。

第十四條　若無問題，請客戶在服務合約上簽字或蓋公章。服務結束，進行簽收支票或開發票等收款工作。

第四節 提高服務人員的服務水準

售後服務人員要想為顧客提供優良的服務，就一定要在專業服務方面表現出高超的服務技巧。

1. 從待客的基本用語開始

售後服務人員對客人的招呼話，店裏常用的語句稱為待客基本用語。例如：「歡迎光臨」、「好的」、「讓您久等了」、「謝謝」、「歡迎再來」、「不好意思」、「抱歉」等等，這是售後服務人員規範服務的主要內容。

如何令顧客滿意呢？首先聲音要宏亮、開朗、自然，其次是要用心去表達。顧客進入商店時，我們對他說的第一句話是「歡迎光臨」，對於他能從這麼多商店中選中自己的商店，要心存感激與喜悅。接著回應「好的」，要認真、有誠意；說「謝謝」、「衷心感謝」、「抱歉」要發自內心。總之，說每一句話都要語調客氣，誠心誠意。售後服務人員的語言雖然摸不著、看不見，但卻會讓人感受到它色澤、質感與溫度。「歡迎光臨」像是熱烘烘的紅色，「謝謝」是溫暖的橘色……所以，服務人員溫馨的話語能夠帶給顧客更溫暖、更親切的感覺。就算進店的顧客沒有好態度，也不要忘記對他說兩句暖心話。當商品不合顧客心意時，心理上要有幫不上忙、覺得抱歉的意思，同時要以期待他再次光臨的心情，溫馨地送客離開。

2. 養成清爽、利落的動作習慣

售後服務人員向顧客問候時不只是用語言，還要配合動作，而

這就是輕度鞠躬禮。正確的輕度鞠躬看起來自然又舒服，所以一定要養成這種習慣。

要有優雅的鞠躬禮，首先要有正確的站姿，它包括下列內容：

身體首先要站正，背要挺直，臉向前方，下顎輕輕內縮，但不可過度內縮，否則會有頹喪的感覺，也不可太上揚，這樣會給人傲慢、自以為是的印象。

胸部要挺直，不可駝背，左右兩肩要平，肩部要放鬆。兩手自然貼身，指尖放鬆，五指自然合攏。若兩手要交叉放，右手放下並將上面左手的拇指輕輕包起、自然垂放。另外，收縮小腹，讓重心放在肚臍附近，膝蓋放鬆，同時兩膝要並攏。

腳跟合攏，腳尖呈 V 字型、45 度的角度張開，全身重心不能放在腳跟，應放在腳姆指附近，這樣你的身材看上去會挺拔的多。

3.給顧客一個最親切、優雅的笑容和姿勢

美麗的笑容令人愉快，這點可以自己對著鏡子多加練習，覺得滿意為止。站立姿勢從正面看如果沒有問題的話，再靠牆壁確認背後姿勢。首先腳跟靠壁站立，臀部的前端與肩胛骨靠著牆壁，腰部的空隙大約可放一個握緊的拳頭，頭部可微留空隙或與牆壁輕觸。這就是服務人員最標準的動作了。

4.用制度來強化服務人員的工作

售後服務的標準化還在於實行一系列的服務制度，例如售後服務制度、顧客溝通制度、員工服務標準化、員工培訓制度和獎勵制度等。

(1)售後服務制度

售後服務制度由上門服務制、全天候服務制、產品終身服務制、

免費服務制四大要素構成。例如不管是安裝、調試、保養還是維修，很多企業一律採取上門服務制，這種上門服務制是 24 小時全天候的，是產品使用壽命時間內終身的服務，是一律免費的。

⑵顧客溝通制度

與顧客充分溝通，是把握顧客內心想法及各種期望的基礎。顧客溝通制由顧客訪問制、顧客檔案制、顧客投訴制、服務網點制四大要素構成。從購物的第一天起，顧客的檔案就要由各電腦終端輸入到服務中心的檔案管理系統中，從而為定期走訪顧客提供前提條件。而顧客投訴制是對企業超值服務的有效監督。

⑶員工服務規範

員工服務規範包含了員工語言規範、行為規範和超值服務三大要素。一般而言，企業服務人員上門安裝、上門保養、上門維修時要嚴格遵守規範，即「穿一套標準工作服；進門前說一句『對不起……給您添麻煩了』；帶一雙自備鞋套；帶一塊墊布和抹布；不喝顧客招待的茶水；不吸顧客一根煙；請顧客填一張『服務監督卡』」。這些規範常常對員工的形象有很大的影響。

⑷員工培訓制度

企業的服務是否規範，是否優越往往取決於員工的行為，就這一點來說，企業建立相應的員工培訓制度是必要的，而且員工培訓制度是一個有效地規範服務系統必不可少的組成部份。企業應當利用員工培訓制度堅持對服務人員的技能和素質進行培訓，員工的高素質可以為規範服務的實施提供有效的保證。

⑸獎懲制度

獎勵制度包含了激勵機制和處罰機制的各項細則，是規範服務

體系的有效組成部份。

第五節　售後服務的前台接待規範

1.接待

(1)用戶走近前台，應主動與用戶打招呼，做到舉止大方，禁止與用戶閒聊；

(2)及時整理前台環境，保持前台企業形象，並根據實際情況安排和接待用戶；

(3)用戶送修時，首先需辨認是否為本公司經銷的產品，如果為其他品牌，告知用戶不在服務範圍內，並建議用戶尋求其他幫助的途徑。

(4)根據送修的機型和故障的初步診斷，判斷送修機器可否在本中心進行維修(有些太舊的筆記本備件已停產，或本公司沒有銷售過此機型等)：

①確認無法維修時，應向用戶如實解釋，並請用戶諒解。

②確認有能力進行維修時，協助用戶填寫《維修登記單》，進入維修過程。

③《維修登記單》「收機人」處的簽字，表示合約的簽訂及前台收機流程的自查合格，如不合格須立即糾正。

2.前台接待人員

根據用戶的故障描述，自行初步做出判斷，區分機器是否屬於軟體或硬體故障

(1)使用不當

①簡單的電腦軟體故障可由前台接待人員直接解決；

②不能解決的電腦軟體故障，交由技術人員進行解決，

③經調試後，判斷為電腦硬體故障的，詳告用戶機器需要留在維修部，將機器送入維修間。

(2)硬體故障

①初步判斷是否收費：如果不收費直接送入維修間；如果收費，告訴用戶大概價格，得到用戶同意後方可送入維修間，否則請用戶取走機器，並如實填寫《維修登記單》；

②機器送入維修間後，由前台接待人員請主修工程師在《維修登記單》第一聯，第二聯的收機人欄簽字，並將第一聯取回，第二聯隨機器放入待修庫櫃。

3.取機工作流程

(1)按取機單為用戶取出機器；

(2)協助用戶檢查機器；

①檢查機器的送修故障是否排除，及隨機其他附件和外觀是否與送修時一致：

· 如果機器故障依然存在，轉回維修間再次維修，並在《維修登記單》上註明；

· 如果機器出現其他故障、外觀有損壞或丟失的情況，由維修部負責解決，參見《顧客提供產品的控制程序》。

②用戶拿走機器之前，對上述的工作內容進行自查，檢查合格後交付給用戶。

(3)查看機器是否收費，如果收費，請用戶付費取機，流程如下：

①先向用戶解釋由於本中心財務由公司財務部統一管理，當時無法開發票，只能先給用戶開收據，正式發票在一週內將用快遞形式寄出；

②仔細詢問用戶所需發票的種類（普通發票或增值稅發票），如果用戶以現金方式付費，請用戶留下發票抬頭，然後請用戶填寫快遞；

③如果用戶決定自己取發票，請用戶留下聯繫方式，待發票開好後通知；

(4)在辦好一切手續並檢查無誤後，填寫《維修登記單》，請用戶將機器取走。

第六節　售後服務員的培訓內容

不管是有形產品的售後服務，或者是「服務業」的售後服務，企業都必須對執行第一線工作的工作人員加以培訓。以服務業為例，聞名世界的「迪斯尼樂園」，它對員工是如何培訓的呢？

日本東京的迪斯尼最高記錄一年可以達到 1700 萬人參觀。我們來看看東京迪斯尼是如何吸引回頭客的。

東京迪斯尼掃地的有些員工，他們是暑假工作的學生，雖然他們只掃兩個月時間，但是培訓他們要花 2 天時間：

第一天上午要培訓如何掃地。掃地有 3 種掃把：一種是用來扒樹葉的；一種是用來刮紙屑的；一種是用來撢灰塵的，這三種掃把的形狀都不一樣。怎樣掃樹葉，才不會讓樹葉飛起來？怎樣

刮紙屑，才能把紙屑刮得很好？怎樣撢灰，才不會讓灰塵飄起來？這些看似簡單的動作，卻都應嚴格培訓。

第一天下午學照相。十幾台世界最先進的數碼相機擺在一起，各種不同的品牌，每台都要學，因為客人會叫員工幫忙照相，可能會帶世界上最新的照相機，來這裏度蜜月、旅行。如果員工不會照相，不知道怎樣使用它們，就不能照顧好顧客，所以學照相要學一個下午。

第二天上午學給小孩子包尿布。孩子的媽媽可能會叫員工幫忙抱一下小孩，但如果員工不會抱小孩，不但不能給顧客幫忙，反而增添顧客的麻煩。不但要會抱小孩，還要會替小孩換尿布。

第二天下午學辨識方向。顧客會問各種各樣的問題，所以每一名員工要把整個迪斯尼的地圖都熟記在腦子裏，對迪斯尼的每一個方向和位置都要非常地明確。很顯然，如果在迪斯尼裏面，碰到這種員工，人們會覺得很舒服，下次會再來迪斯尼，也就是所謂的引客回頭，這就是所謂的員工面對顧客。

售後服務人員是顧客和消費者最先接觸到公司的員工群體。售後服務人員的素質和形象直接影響到企業的形象。因此，如何培訓售後服務人員，是一項非常重要的任務。

售後服務人員的培訓計劃要與公司的發展目標和遠景計劃相吻合，否則，培訓就失去了重點和方向。在培訓的過程中要明確組織能力、員工素質技能與業務目標要求的差距；明確差距的原因及解決方法；明確通過培訓可以解決的差距及培訓解決辦法。培訓計劃制定者必須制定出具有指導性和符合邏輯性的培訓計劃，以保證培訓的順利進行。

1. 確定培訓目標

⑴具體的培訓目標包括：改善管理效率、提高經營業績、提升客戶滿意度、人力資源開發等內容。

⑵制定培訓學習的具體目標，如增加知識、培養理解力、發展技能、形成態度、提高興趣、形成價值觀等。

⑶培訓目標必須結合企業的長期發展需要、員工的個人發展需要和員工目前的素質水準，實事求是地訂立。

2. 選擇受訓對象

有了明確的培訓目標，根據不同培訓項目的宗旨，確定培訓對象的具體選擇標準，同時明確對培訓對象的資格要求。特別是在專業技能方面的培訓，只有如此才能保證培訓質量，避免造成資源的浪費。配合人事部門的人員選拔、培養計劃，挑選有發展潛力的員工。把培訓作為一種員工激勵手段。徵求受訓者對培訓的意見。

3. 制定培訓課程

根據培訓的具體目標制定培訓課程。在開始指導之前，在你選擇指導性程序或主題或材料時，必須清楚地表明你期望的指導成果。一項清晰的指導性目標可以為選擇培訓方式和材料提供可靠的基礎，同時也為選擇評價指導方式是否成功提供基礎。

根據受訓者的知識背景和能力確定培訓課程。受訓者的背景是指其工作的成熟度與經驗。首先應選出合適的受訓者，保證他們有足夠的背景知識與技能以消化即將接受的培訓內容。識別受訓者的背景在組織培訓中和其他的教學場合同樣重要。通常根據受訓者的學習能力將他們分成不同的組合，分組的標準由測試的分數決定，並為個別人員提供額外類型的指導。

課程設計要密切聯繫組織與員工實際。那種為趕潮流而設立的對組織、員工並無實質幫助的課程應堅決摒棄。

4. 選擇合適的培訓者

師資質量的高低是企業培訓工作質量好壞的一個重要因素。培訓能否獲得成功，很大程度上取決於培訓者素質的高低，所以培訓者必須有足夠的經驗和能力以及良好的人格魅力。

⑴培訓者首先應熟悉所授課程涉及的工作流程。

⑵培訓者應及時掌握受訓者的學習特點，使授課方式和速度等與其相吻合。

⑶通過故事或趣聞軼事來啟發受訓者學習，使學習變成一種樂趣。

⑷培訓者有清晰的思維，能夠將知識有條理地傳授給受訓者，培訓就能夠迅速取得成功。

⑸在學習過程中，為了鞏固受訓者所學內容，培訓者要適時讓他們進行演示。要關注每個受訓者的掌握情況，並對特殊人員採取額外指導。

⑹作為培訓工作者，必須本身擁有對培訓工作的熱情與興趣。

5. 制定課程計劃表

課程計劃表包括：課程名稱、學習目的、包括的專題、目標聽眾、培訓時間、培訓教師的活動（每個人培訓時段做什麼）、學員的活動（傾聽、實踐、提問），以及其他事項。培訓時間的選定要充分考慮到參加培訓的員工能否出席，訓練設施能否得到充分利用，做指導及協助的培訓員是否有時間。

第七節　維修服務員的技術培訓

家用電器的維修，是運用各種檢修手段對家用電熱器具與電動器具進行調試、維護、保養、檢查、修理。

企業應對公司內部售後服務技術人員分等級加以培訓；電器維修工的素質培訓，可分為初級、中級、高級三個技術等級，以「中級電器維修工」為例：

（一）有關中級電器維修工培訓，必備知識如下：

1. 文化基礎知識

⑴大學程度（含同等學歷）。

⑵具有有關電工學、電子學基礎知識（常用電子器件，晶體管整流電路、放大電路與振蕩電路、數字電路的基本特性等）。

⑶具有控制電路基礎知識。

2. 經營管理知識

瞭解本部門經營業務及檢修技術管理、設備管理和計量管理的基本知識。

3. 工具設備知識

掌握常用儀錶、設備的結構、工作原理、性能。

4. 技術知識

⑴掌握家用電熱、電動器具的工作原理及技術結構。

⑵熟悉機械程控器、電子程控器的構造和工作原理。

⑶熟悉家用電熱、電動器具中控制元器件的性能。

⑷瞭解家用電熱、電動器具中新技術的應用。

5. 材料和產品性能知識

⑴掌握家用電熱、電動器中主要零件性能指標與質量要求。

⑵掌握電磁竈、微波爐的主要性能指標。

6. 質量標準知識

熟知家用電熱、電動器具的主要性能指標及測試方法。

7. 安全防護知識

熟知安全生產法規、消防條例、安全規章制度。

(二)有關中級維修工培訓，它的必備技能如下：

1. 基本技能

能看懂電磁竈及微波爐的電原理圖、接線圖、結構圖和安裝圖。

2. 實際操作能力

⑴能對一些易損件進行加工和配製。

⑵能對家用電熱、電動器具中的某一零件進行改制或代用。

⑶能使用常用測試儀器、儀錶，對家用電熱、電動器具的主要性能指標進行測試。

⑷能熟練地對家用電熱、電動器具的故障進行判斷和排除。

⑸能對家用電熱、電動器具中的電動機故障進行維修。

3. 應用計劃處理能力

能對電熱、電動器械具中有關物理量進行計算。

4. 工具設備使用維護和檢修排障能力

能排除常用儀器儀錶和設備的一般性能故障。

5.應變及事故處理能力

⑴能對本工種的操作過程進行安全檢查，對查出的不安全因素的能及時報告並採取措施。

⑵能及時發現和報告本工種的各種異常現象，並能進行緊急處理。

6.語言文字能力

能對維修工作進行書面小結，寫出維修報告，能借助工具書看懂電外文原理圖。

7.其他有關能力

能指導初級工開展工作。

第 *13* 章
售後服務的滿意度追蹤

讓顧客有完善的售後服務，企業需要發展與顧客的關係。顧客滿意度跟蹤包括成交後所發生的一切聯繫，它是一項營銷活動，更是企業瞭解市場、佔領市場所不可缺少的重要環節。

第一節 顧客滿意度調查

一、顧客總價值

1. 顧客總價值的含義

顧客總價值是指顧客購買某一產品與服務所期望獲得的所有利益，顧客總成本是指顧客為獲得某一產品所花費的時間、精力以及支付的貨幣等。

從營銷學意義上說，顧客價值就是顧客在獲得、擁有、使用的總體成本最低情況下顧客需求的滿意與滿足。作為一種擴展了的概念，人們通常所說的「顧客價值」已不僅僅包括上述價值構成因素了，它已擴展為核心產品的附加內容，如包裝、服務、顧客培訓與

指導、付款政策、儲運，以及所應提供的因出售產品或提供服務相關的操作員培訓、維護培訓、質量保證、零件、信譽、可靠性、回應性等。

顧客價值是企業價值實現的前提和基礎。沒有良好的售後服務就不能實現顧客價值最大化；沒有顧客價值最大化就沒有利潤的來源；沒有利潤，企業就沒有了存在的基礎。因此，企業經營的根本，必須通過顧客服務為顧客創造價值。

2.顧客價值的構成

顧客價值是顧客購買商品和服務的成本與價值的比較，顧客價值的大小由顧客總價值與顧客總成本兩個因素決定。

(1)產品價值

產品價值由產品的功能、特性、技術含量、品質、品牌與式樣等組成。產品價值始終是顧客價值構成的第一要素，如果顧客不需要你的產品，笑容再燦爛也是白搭；如果顧客不需要你的產品，你連為他們服務的機會都沒有。總而言之，產品是顧客給予你的服務機會和通行證。

(2)服務價值

服務價值是指企業伴隨實體產品的出售或者單獨地向顧客提供的各種服務的價值。服務價值是與產品相關但又可獨立評價的附加價值，評價它的標準只有一個——「滿意」。如果不是「滿意」就是「不滿意」，因此，服務比產品更應「投其所好」。

(3)人員價值

對於顧客來說，人員價值主要表現為服飾、語言、行為、服務態度、專業知識、服務技能等。在服務終端，一線員工的價值就是

要讓顧客滿意，因此企業更應該聘請受顧客歡迎的員工。

(4)形象價值

以品牌為基礎的形象價值是顧客價值日益重要的驅動因素。對顧客來說，品牌可以幫助顧客解釋、加工、整理和儲存有關產品或服務的識別資訊，簡化購買決策。良好的品牌形象有助於降低顧客的購買風險，增強購買信心。個性鮮明的品牌可以使顧客獲得超出產品功能之外的社會和心理利益，從而影響顧客的選擇和偏好。

對服務業來說，企業品牌形象遠比包裝產品的品牌形象更有影響，強勢品牌可以幫助顧客對無形服務產品做出有形化理解，增進顧客對無形購買的信任感；消減顧客購前難以估測的金錢、社會和安全的感知風險，甚至顧客感知的價值就是企業品牌本身。

二、顧客滿意度的全面調查法

顧客滿意度調查的目的，要發現顧客的滿意率及滿意的地方，發現顧客的不滿意率及不滿意的地方，並提高企業形象，讓顧客有參與感，關注顧客的渴望，尋找顧客的需求。調查方法有：

1. 全面調查法

全面調查是一種普遍性質的調查，即凡是應該調查的對象，都接受調查。這種調查的目的是為了獲得全面而精確的資料。

2. 觀察法

由調查人員利用眼睛以直接觀察具體事項的方式搜集資料。例如，調查人員到被訪問者的廚房去觀察食用油品牌及包裝情況。

3. 實驗法

由調查人員用實驗的方式，將現象放在某種條件下作觀察以獲取情報。例如食品的品嚐會，就是採用了實驗法。

4. 問卷法

將要調查的資料設計成表之後，讓接受調查對象將自己的意見或回答，填入問卷中。

在一般進行的實地調查中，以「問答卷」式採用最廣。

5. 當面談話法

就是由零售企業派出員工直接和消費者進行面對面地交談，瞭解消費者的實際需求，為零售企業的商品促銷活動獲取可靠的情報。

6. 典型調查法

這是針對某些典型對象進行的調查。通過這種調查，然後推及一般，既可以縮小調查的範圍，也可以減少零售企業調查時的人力、物力和財力的投入。

7. 抽樣調查法

這是從整體中抽取一定的具有代表性的樣本進行調查的方法。抽樣調查一般能夠從個別推斷整體，具有較高的準確度，所以零售企業的商品促銷調查，多以這種方式出現。

三、顧客滿意度調查的步驟

顧客滿意度調查與市場調研相似，它是一種科學、務實的工作方式。顧客滿意度調查需要遵循一定的步驟。詳細內容如下：

1. 運用試探性研究確定調查項目

這一步驟可以簡單地歸結為問題定義。問題的定義是以顧客認為重要的服務項目為標準的。問題定義第一步工作的任務是明確以下問題：目前有多少顧客？有那幾類目標顧客群？有沒有顧客數據庫？向顧客提供那些服務？競爭對手是那些？強項和弱項各是什麼？有那些因素影響顧客行為？

2. 定性研究

這是顧客滿意度調查的第二個步驟。它的任務主要是通過對消費者和企業內部員工進行訪談，以及二手資料的收集，瞭解如下問題：對某項服務而言，什麼因素對顧客來說很重要？顧客和員工認為公司在這些方面的表現怎樣？認為競爭對手在這些方面做得怎樣？什麼因素阻礙了企業在這些方面的表現？

3. 定量調查

這是一個顧客滿意度調查的關鍵部份，企業應當對顧客滿意度調查的調查對象作切實的研究。這裏需要界定調查對象範圍，以及如何獲得有效樣本總體，有什麼抽樣方法能夠使選中的樣本更具代表性並確定用何種訪問方法。一般而言，在擁有調查對象數據庫的情況下，電話訪問能夠快速得出結果；郵寄問卷調查在問卷較長、對調查時間要求不高的情況下適用；而入戶和定點訪問在難以獲得有效樣本的情況下，能使抽樣更具控制性。

4. 成果利用

所謂成果利用，就是對定性和定量調查結果的分析，撰寫調查報告。企業可以依此評估調查效果，確定需要採取行動的方向，制定改進計劃和營銷策略。

5. 跟蹤結果

所謂跟蹤結果，就是指在顧客滿意度調查得出結果，企業實施某種改善策略之後，對這些策略在顧客滿意度方面起到的影響所作的跟蹤觀察。通過這種觀察可以確定改善策略或措施是否有效，企業是否需更正某些計劃等問題。跟蹤結果這一步可以看作是顧客滿意度調查的結束，也可以看做是另一次調查的開始，這實質上說明了顧客滿意度調查是一個有效循環的過程。

◀))) 第二節　顧客滿意度跟蹤的意義

顧客跟蹤是指商業企業在成交後繼續與顧客交往，並完成與成交相關的一系列工作，以便更好地實現銷售目標的行為過程。銷售目標是在滿足顧客需求的基礎上實現商業企業自身的利益，而顧客利益與商業企業利益是相輔相成的，其利益在成交簽約後並沒有得到真正的實現。顧客需要有完善的售後服務，商業企業需要回收貨款以及發展與顧客的關係。因此，顧客跟蹤工作也是一項十分重要的工作。

顧客跟蹤是現代營銷理論的一個新發展。這一工作環節包括了成交雙方，即商業企業與顧客在成交後所發生的一切聯繫及行動。它的意義不僅在於它是一項營銷活動的結束，更是企業瞭解市場、佔領市場所不可缺少的重要環節。

卓有成效的顧客跟蹤服務有這樣幾個優點：第一，它為銷售企業提供了一個機會，可以瞭解顧客在使用自己的產品或服務方面有

何問題。如果確實有什麼不當，那麼對於顧客的不滿意之處，銷售企業應該立即予以解決，第二，如果顧客感到很滿意，那麼銷售企業就有再次獲得訂單的機會；第三，顧客跟蹤服務還表明銷售企業是關心顧客的，從而有助於發展長期關係。然而，顧客跟蹤服務並非一定要銷售企業派人親身去做，大多數情況表明，顧客服務部工作人員一個電話或是一封感謝信也是可以的。

顧客跟蹤服務確有不少優點，為了更有效地發揮顧客跟蹤服務的功效，銷售企業應注意做好以下幾點：

1. 核查送貨

在送貨之前，銷售企業應對何時送貨為宜等事項予以核查，讓顧客瞭解有關自己為其所購貨物而做的準備工作的進展情況，這通常總會令顧客感到格外滿意。

如果在送貨以前，銷售企業不對相關事項做出核查，無法讓顧客明確自己所購貨物的情況，顧客就會感到銷售企業在有意隱瞞什麼，這很容易讓他們聯想到「產品也許有問題」上面去，一旦產生這種想法，顧客就會對銷售企業戒備，這樣一來，就很不利於建立顧客對企業的信任。

2. 主動詢問顧客

銷售企業客服部應當主動地向顧客作問詢，而不應等顧客找上門來，這一點很重要。如果等顧客找上門來，那麼銷售企業只會聽到表示非常滿意或是非常不滿意這兩種類型的反饋。常常有這種情況，在解決一些小問題方面，兩種不同的態度，會令顧客的滿意程度顯出很大差別。形象一點說，當顧客在使用產品或接受服務中出現了問題時，銷售企業應當如同一塊傳出擴大聲響的變振板一樣發

揮作用。

3. 為顧客提供必要的幫助

在條件允許的前提下，銷售企業應該安排人員進行一次跟蹤服務性質的拜訪，以便向顧客提供一些必要的幫助，諸如指導使用產品等。這種服務性的拜訪具有兩點好處：一是為企業下一次銷售做了鋪墊，再則也是為顧客宣傳企業奠定了基礎。銷售企業可能要指導顧客本人如何使用該產品，也可能還要保證產品是在正確地安裝。為此，銷售企業應派人在場親自做指導。在場的時候，銷售企業所派人員還可能會發現顧客從自己這裏所購買的並非是他所需要的全部，這樣就可能有立即就此向其提出增加購買的機會。

4. 讓顧客對企業產生信賴

做跟蹤服務的另一重要方面是要表現銷售企業的可依賴性。銷售企業服務人員必須對顧客信守諾言，並努力確保所有細節都能被照顧到。在這一步驟上，將會顯示出優秀的企業與平常企業之間的差別。可依賴性是贏得顧客再次購買的重要條件，只有從這種感受中，顧客才會懂得銷售企業是信守諾言和體諒他們的。

5. 向顧客反覆保證

銷售企業做跟蹤服務的一個主要原因，是為了減輕與顧客在認識上產生的不調和之處。無論認識上處在何種層次，每一次購買時，顧客都會考慮他的決策到底對不對，而銷售企業就是要做到使顧客認識到其購買的合理性，這應表現在確定成交之後的步驟中。然後再通過跟蹤服務性的拜訪，使這一主旨得到進一步加強，使顧客徹底地相信他的購買決策是正確的。

為了減少產生不調和的可能性，銷售企業有這樣幾件事要做：

向顧客提供一些新資訊，以促使其購買決策的落實。通過這些來使顧客瞭解到企業的確很關心他們，為顧客下次購買企業產品奠定了基礎。能夠同顧客保持聯繫的銷售企業，都很可能得到顧客的再次惠顧。

6.允許顧客提出反對意見

在跟蹤服務性的拜訪中，銷售企業應允許顧客對企業所提供的產品或服務提出反對意見。這樣做有兩個好處：第一，講出問題有利於挑明分歧之處，使顧客感到更踏實；第二，如果銷售企業瞭解這些問題的原由，那麼就可能及時地加以解決。

7.不斷更新顧客記錄

銷售企業的顧客群是不斷變化和發展的，做好顧客跟蹤服務的另一個方法，是更新顧客的檔案內容。

顧客檔案屬於無形的顧客組織。企業可以利用數據庫建立顧客檔案，並以此與顧客保持長久的聯繫。例如最大的網上書店——當當書店在建立起一個大型的顧客數據庫之後，靈活運用顧客數據庫的數據，使每一個服務人員在為顧客提供產品和服務的時候，明白顧客的偏好和習慣購買行為，從而提供更具針對性的個性化服務。例如當當書店會根據會員最後一次的選擇和購買記錄，以及他們最近一次與會員交流獲得的有關個人生活資訊，定期向會員發送電子郵件，推薦他們所感興趣的書籍。同時企業可利用基於數據庫支援的顧客流失警示系統，通過對顧客歷史交易行為的觀察和分析，賦予顧客數據庫警示顧客異常購買行為的功能。顧客數據庫通過自動監視顧客的交易資料，對顧客的潛在流失跡象做出警示。

如果不對顧客進行跟蹤服務，顧客就會忘記企業，從而失去大

量老顧客。因此，銷售企業一定要進行跟蹤服務，忌銷售完成後無跟蹤服務。

第三節　對顧客滿意度的補救

　　服務補救直接關係到顧客滿意度和忠誠度。當企業提供了令顧客不滿的服務後，這種不滿能給顧客留下很深的記憶，但隨即採取的服務補救會給顧客更深的印象。由於服務具有不可感知性和經驗性特徵，消費者在購買產品（服務）之前很難瞭解產品特徵，很難獲得關於產品的資訊。資訊越少，購買決策的風險也就越大。研究表明，品牌忠誠度與風險存在較強的相關關係。因此，在服務性行業中，顧客的品牌忠誠度很高，表現為：一是滿意的顧客願成為企業的「回頭客」，大量重覆地購買，對企業服務的價值極度信任；二是顧客把品牌忠誠作為節省購買成本、減少購買風險的手段，絕不會輕易地轉換服務產品的品牌，這就使得企業的競爭對手在吸引新顧客方面困難重重。

　　一項研究數據表明，企業吸引新顧客的成本是企業留住老顧客成本的 4～5 倍。正因如此，在首次服務使顧客產生不滿和抱怨時，企業應該明確那些抱怨和不滿的顧客，是對企業仍抱有期望的忠誠顧客，企業必須做出及時的服務補救，以期重建顧客的滿意度。

　　一項服務性企業調查顯示，如果顧客得不到應有的滿足，他會把這種不滿告訴其他 10～15 個人。相反，如果顧客得到了滿足，他只願把這種滿足告訴其他 3～4 個人。由於服務產品具有很強的不可

感知性和經驗性特徵，顧客在購買服務時，更願意依賴人際管道獲得的產品資訊。顧客認為來自關係可靠的人或專家的資訊更為可靠。口頭傳播是消費者普遍接受和使用的資訊收集手段。

1. 跟蹤並預期補救良機

企業需要建立一個跟蹤並識別服務失誤的系統，使其成為挽救和保持顧客與企業關係的有效方式。有效的服務補救策略需要企業通過聽取顧客意見來確定企業服務失誤的所在，即不僅被動地聽取顧客的抱怨，還要主動地查找那些潛在的服務失誤。市場調查是一種有效的方法，諸如收集顧客批評、監聽顧客抱怨、開通投訴熱線以聽取顧客投訴。有效的服務擔保和意見箱同樣可以使企業發覺系統中不易覺察的問題。

2. 重視顧客問題

顧客認為，最有效的補救方法就是企業一線服務員工能主動地出現在現場，承認問題的存在，向顧客道歉（在恰當的時候可以加以解釋），並將問題當面解決。解決的方法很多，可以退款，也可以服務升級。如零售業的無條件退貨，如某顧客在租用已預訂的別克車時，發現該車已被租出，租車公司將本公司的勞斯萊斯車以別克車的租價租給該顧客。

3. 儘快解決問題

一旦發現服務失誤，服務人員必須在失誤發生的同時迅速解決失誤。否則，沒有得到妥善解決的服務失誤會很快擴大並升級。在某些情形下，還需要員工能在問題出現之前預見到問題即將發生而予以杜絕。

例如，某航班因天氣惡劣而推遲降落時，服務人員應預見到乘

客們會感到饑餓，特別是兒童。服務人員會向機上饑餓的乘客們說：
「非常感激您的合作與耐心，我們正努力安全降落。機上有充足的
晚餐和飲料。如果你們同意，我們將先給機上的兒童準備晚餐。」
乘客們當然會贊同服務人員的建議，因為他們知道，饑餓、哭喊的
兒童會使境況變得更糟。服務人員預見到了問題的發生，在它擴大
之前，員工就杜絕了問題的發生。

4. 授予一線員工解決問題的權利

　　對於一線員工，他們真的需要特別的服務補救訓練。一線員工
需要有服務補救的技巧、權利和隨機應變的能力。有效的服務補救
技巧包括認真傾聽顧客抱怨、確定解決辦法、靈活變通的能力等。
員工必須被授予使用補救技巧的權利（當然這種權利的使用是受限
制的）。在一定的允許範圍內，用於解決各種意外情況。一線員工不
應因採取補救行動而受到處罰。相反，企業應鼓舞激勵員工們大膽
使用服務補救的權利。

5. 從補救中汲取經驗教訓

　　服務補救不只是彌補服務裂縫、增強與顧客聯繫的良機，它還
是一種極有價值、能夠幫助企業提高服務質量，但常被忽略或未充
分利用的資訊資源。通過對服務補救整個過程的跟蹤，管理者可發
現服務系統中一系列亟待解決的問題，並及時修正服務系統中的某
些環節，進而使「服務補救」現象不再發生。

第四節　建立有效的服務質量標準

　　服務質量是服務的客觀現實和顧客的主觀感受融為一體的產物。控制顧客感知服務質量最直接的方法，即是確定適當的顧客感知服務質量標準。確定有效的服務質量標準要考慮多方面的因素。

1. 滿足顧客的期望

　　管理人員應通過調查，瞭解顧客對各類服務屬性的期望，再根據顧客的期望，確定各類服務屬性的質量標準。

2. 服務質量標準要盡可能具體

　　管理人員應確定具體的服務質量標準，以便服務人員執行。例如：旅館電話總機話務員必須儘快接聽電話。這是含糊不清的質量標準。話務員必須在 15 秒鐘之內接聽電話，才是具體、明確的質量標準。

3. 員工接受

　　員工理解並接受管理人員確定的服務質量標準，才會端正態度去執行。管理人員發動員工參與制定服務質量標準，不僅可確定更精確的標準，而且可得到員工的支持。

4. 強調重點

　　過於繁瑣的質量標準，反而會使全體員工無法瞭解管理人員的重點要求。因此，管理人員應明確說明那些質量標準是最重要的，並要求服務人員嚴格執行。

5. 及時修改

管理人員應該經常考核員工的服務質量，做好服務質量檢查、考核工作，才能促使員工做好服務工作。此外，管理人員還應根據考核結果，研究改進措施，獎勵優秀服務人員，修改服務質量標準。

6. 既切實可行又有挑戰性

管理人員確定的質量標準過低，就無法促使員工提高服務質量。如果管理人員確定的質量標準過高，員工無法達到管理人員的要求，就必然會產生不滿情緒。既切實可行又有挑戰性的服務質量標準，才能激勵員工努力做好服務工作。

第五節　會員專享的產品保固服務辦法

大立家電股份公司專門販賣各種電器產品，2016 年起大幅度擴張門市店的數目，並且增加所販賣產品類別，企圖以「增加門店、增加產品、增加業績」的方式來創造業績大幅成長，它的產品售後服務方式，如下：

一、小家電終身免費保固

會員購買指定的免費維修之小家電，即享有終身免費保固的服務。維修時免維修費用、免零件費用。

終身保固適用範圍：熱水瓶、吸塵器、電磁爐、飲水機、電子鍋、烘碗機、電暖器、電風扇、微波爐、電熨斗、吹風機、捕蚊燈、

咖啡壺、烤箱、果汁機、榨汁機、燉鍋、烤麵包機等商品均在適用範圍內。營業使用、贈品不在終身免費保固範圍。

1. 終身免費保固適用商品

自 2015 年 10 月 5 日起，只要是會員，並購買本公司銷售之熱水瓶、吸塵器、電磁爐、飲水機、電子鍋、電暖器、電風扇、微波爐、電熨斗、吹風機、捕蚊燈、咖啡壺、烤箱、果汁機、榨汁機、燉鍋、烤麵包機等商品均在適用範圍內（上述之商品如有變動，本公司將另行公告）。

2. 終身免費保固定義

商品因正常使用而發生故障，且無第 4 條（終身免費保固除外限制）之情形，本公司將負責維修使功能恢復正常，如無法維修時，本公司可用同級堪用品替代。

3. 保固識別方式

⑴商品送修時，須出示可資辨別身份之證件，並以商品上識別貼紙（終身維修碼）做識別判定。

⑵如識別貼紙遺失或破損無法辨識，則須核對客戶資料中購買商品是否有購買該項商品；若查無購買記錄，則無法提供終身免費保固服務，那麼本公司將依一般商品之維修流程處理，如在原廠保固範圍內，仍可享免費檢修服務。

4. 終身免費保固除外限制

⑴人為（如摔傷、進水、接錯電源及其他非正常使用……等）、天災（如雷擊、火災、地震、淹水……等）或蟲害造成之損壞，均不在終身保固範圍內，損壞認定如有疑義，以原廠檢修判定為準。

⑵上述故障商品如原廠判定仍可維修，則須自付費用，修復後

可繼續享用終身免費保固權益。

⑶保固範圍不包括外殼或操作面板（老化、龜裂）之換新、消耗性零配件（如刀片、燈泡、燈管、磁控管……等）、消耗性材料之補充（如集塵袋、濾網、電池……等）服務。上述消耗性零件與材料如有未敘明者，以原廠說明為準。

⑷營業使用、贈品不在終身免費保固範圍。

5. 購買時請確認商品上終身維修碼貼紙，貼紙遺失恕不補發。

二、音響終身免費保固

會員購買音響等商品，在正常使用情況下出現故障，本公司負責維修使其功能恢復正常。免維修工資、免零件費。（詳細服務辦法請至網站查詢或見背面說明）

音響終身免費保固適用範圍：

1. 隨身聽、手提收答錄機：指收音、錄放功能商品

2. 數位隨身聽：指數位密錄機、數位 MP3 播放機

3. CD 隨身聽、手提 CD 收答錄機、組合音響：指含 CD、MP3、收錄音播放功能。

三、MP3 維修免費備品替代

會員於本公司購買 MP3 商品，如該商品有故障且送至門市維修時，可享該送修門市提供免費借用 MP3 備用機一隻（需暫付押金 500元），直到送修商品修復，來門市取件時歸還。

第 **14** 章
售後服務的改善技巧

　　企業瞭解顧客的期望要求，將這些有價值的資訊轉變
為服務標準，以便按顧客的期望設計和管理機構的服務行
為，使服務實績讓顧客滿意。在實施過程中，要建立回饋
機制，以便及時發現問題，並加以修訂、完善。

 ## 第一節　售後服務工作的制定七流程

1.明確售後服務目標

根據公司的整體戰略規劃，確定公司的售後服務目標

2.分析客戶需求

根據公司的戰略，確定售後服務目標，指導各項售後服務工作

3.競爭對手《售後服務調查》

進行競爭對手售後服務調查，把握競爭對手售後服務的內容、
品質標準和客戶滿意度等信息

4.編制《售後服務方案》

⑴對收集到的競爭對手信息進行分析和整理，結合客戶需求分
析確定本公司售後服務的基本內容

⑵匯總售後服務各方面的信息，編制《售後服務方案》，明確公司售後服務的具體內容、方式和標準等

⑶《售後服務方案》經總經理審批通過後生效

5.執行售後服務方案

將《售後服務方案》傳達給相關部門，並對售後服務人員進行培訓，確保《售後服務方案》被認真貫徹執行

6.執行效果評價

定期向售後服務人員、客戶等收集售後服務執行效果信息，對售後服務的執行情況進行評價

7.改善《售後服務方案》

對售後服務過程中存在的問題進行客觀、全面的分析，制定相應的改善措施以提高售後服務品質

圖 14-1-1　售後服務方案制定流程圖

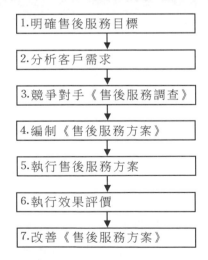

第二節　售後服務流程的改進

售後服務流程的改進，發現原來的售後服務體系存在的不足，分析原因，有針對性地進行改進，其目的是為了使售後服務更加標準化和更具實際操作性，以便更能回應顧客的服務要求。

對售後服務流程進行分析改進時可以發現實現卓越服務的阻撓和障礙，增強服務的及時性和準確性，避免重覆工作，鼓勵服務的改進與創新。

其流程改進分兩種：一種是漸進式的流程再造，即在現有服務的基礎上進行改造，使其更有效率和效力；另一種是流程再造，即從零開始，徹底改變流程。

1. 成立服務改進小組

成立服務改進小組可以幫助服務提供者制定一些解決客戶問題的實際方案，促進售後服務流程的改進。服務改進小組成員包括客戶和服務提供者。通常一個服務改進小組由 5～8 人組成，由督辦人負責，各成員一起協作解決服務質量問題。

2. 售後服務的漸進性流程改造

⑴從頭至尾定義流程的每一步。

⑵確定每一步要用的時間。

⑶確定涉及的人員。

⑷評估整個流程。

⑸確定流程中的障礙和可以使流程縮短的環節。

(6)對流程進行再設計，使其更省時，更精確到位、更有效率並產生更高的客戶滿意度。

3. 售後服務的流程再造

(1)發現客戶需要什麼。

(2)什麼是客戶需要的最佳服務形式。

(3)繪製理想的步驟、時間和涉及的人員。

(4)根據實際情況，研究是否存在制約因素，並加以解決。

(5)實行新的售後服務流程為客戶服務。

◀))) 第三節　售後服務改善的方法

一、建立健全售後服務記錄

售後服務記錄包括：售後服務日誌、服務問題回應記錄、客戶建議單等表格。

大量的產品改進措施、服務改善環節、問題突發環節，都隱藏在這些原始材料中，對售後服務記錄的二次開發，是企業售後服務發展的核心。

二、建立客戶委員會

1. 建立以企業方、客戶方、售後服務方三方參與的客戶委員會。

2. 通過成熟運作，以組織、會議、研討和活動的方式，獲得發展和改進動力。

三、重獎客戶建議

1. 對於客戶所提出的建議，需要給予口頭或書面，或是其他形

式的獎勵。

2. 鼓勵客戶參與企業研發、生產、銷售和服務的全過程。

四、鼓勵客戶投訴

1. 設立投訴熱線，方便客戶投訴、提出意見，由企業監督部門派出專人接聽、記錄，鼓勵顧客通過熱線電話投訴不良售後服務，提出不滿。

2. 投訴熱線工作人員必須與售後服務部門分離，無任何利益關係，同時要注意必須對投訴熱線服務人員進行反監督，問責其投訴受理情況。

五、主動聯繫客戶

主動打電話或以其他方式聯繫接受售後服務的客戶，瞭解售後服務情況，徵求客戶意見，並做好記錄、整理工作。

六、定期拜訪客戶

定期組織人員拜訪重要的客戶，收集客戶的意見和建議。也可以組織懇談會、邀請客戶參加來達到這一目的。

七、設置秘密監察

企業任命不暴露身份的工作人員偽裝客戶抽檢、監督服務，並做好相應的記錄工作。

八、公共場合放置建議表格

在目標客戶經常活動的場所設立建議表格發放點，方便顧客取用，填寫意見和建議回饋到企業。

第四節　售後服務體系提升的案例

某公司為了保證在長期激烈的市場競爭中能立於不敗之地，提高服務水準和客戶滿意度，特制定售後服務體系提升方案。

一、現狀分析

本公司現階段售後服務體系中主要存在以下幾方面問題。

⑴售後服務體系不規範是售後服務體系的最根本問題。

⑵人員服務意識不高，激勵機制難以運行。

⑶配件管理體系混亂。

⑷服務模式單一。

二、解決路徑

根據以上情況的分析，可以斷定售後服務水準低下的主要原因是由於企業自身存在的問題影響了消費者對服務的預期和對服務的體驗。其主要解決路徑有以下 2 個方面。

⑴改善服務提供內容。

⑵改善服務人員的服務技能和服務態度。

三、提升步驟

(1)編制用戶使用說明書

①編制目標

即使從未使用過手機的用戶，在看完使用說明書後，也能夠獨立地使用手機的各種功能。

②編制時間

從×月×日到×月×日止。

③相關部門職責

在使用說明書的編寫過程中，相關部門承擔的職責如下表所示。

表 14-4-1　部門職責表

部　　門	職　責　內　容
售後服務部門	通過客戶信息的回饋，總結客戶使用中最關心的使用問題及解決辦法，不斷豐富使用手冊內容
技術研發部門	說明手機主要部件及配件常見的故障及檢修方法
培　訓　部　門	根據售後服務部門、研發部門提供的相關資料，組織相關人員進行使用手冊的編寫工作

⑵提升服務人員素質

①培訓

培訓是提升售後服務人員素質的最有效手段，由於以前公司的培訓缺乏系統性，因而很難達到預期效果。為使這一培訓狀態有所改觀，必須制定規範化的培訓課程體系，具體培訓安排如表 14-4-2 所示。

②激勵

只有薪酬與服務水準相掛鉤才能有效地解決激勵問題。具體操作由人力資源部擬訂具體的售後服務工作人員薪酬制度。

③監督

a.售後服務表格至少一式兩份，分別在售後服務部門存檔和傳送總部存檔。

b.售後服務部內部定期組織經驗交流會以互相學習，並篩選具

有代表性或技術資料未覆蓋的記錄傳送至培訓部。

c.售後服務部接受和處理用戶投訴,處理結果交相關部門匯總分析。

d.對匯總信息按用途分別進行分析,提供給不同部門使用。

e.售後服務主管匯總每個人的工作量、工作品質以及量化的服務態度指標等數據,送業績考核部門評定薪酬。

表 14-4-2 季培訓安排表

培訓日期	課程長度	培訓類型	培訓方式	培訓內容	考核方式
×月上旬	10 小時	區域集中培訓	PPT	產品原理 使用說明	試卷
×月下旬	25 小時	加盟中心培訓	現場演示	應用常識 服務規範	面試
×月上旬	10 小時	區域集中培訓	PPT	產品原理 使用說明	試卷
×月下旬	20 小時	分公司培訓	現場演示	應用常識 服務規範	面試
×月上旬	10 小時	區域集中培訓	PPT	產品原理 使用說明	試卷
×月下旬	15 小時	總公司培訓	現場演示	應用常識 服務規範	面試

(3)優化配件供應環節

目前,很多售後服務問題都源自手機配件不能及時提供給售後服務部門,致使延長客戶等待時間,造成客戶滿意度下降。因此,

應採取如下措施進行糾正。

①配件信息收集

公司售後服務部門根據客戶進行售後服務的傾斜度，判定手機各種配件的更換信息，進而對其分類整理。

②信息分析

客戶服務部門根據手機各配件的回饋信息，按部件易損程度分類，分析下一階段各部件可能出現故障的概率，預測所需配件數量。

③分析調整

由於公司銷售計劃的改變，使得下一階段配件需求的水準發生變化，因而應根據各地區銷售計劃及新設備配件易損率，對以上分析數據進行調整。

④計劃審批

由客戶服務部經理對上面的分析進行審批，報批資料中需要明確列示數據分析時使用的假設和經驗參數。

⑤計劃執行

審批通過的配件需求計劃傳送至採購部等部門，進行配件供應的重新配置。

(4)售後服務組合模式

原有售後服務模式以「救火」為主，一般都是在客戶出現問題或存有疑問後才提供相關服務。新的經濟競爭要求公司的售後服務部門不僅能夠「救火」，更應該能夠「防火」，主要擬採取以下步驟。

①「救火」服務

保證產品的正常使用，滿足客戶的正常需求。

②「防火」服務

a.瞭解用戶的需求信息，提高用戶滿意度。

b.滿足用戶的特殊需求，超越用戶預期。

③具體操作

通過「救火」與「防火」具體操作的對比，可以反映其具體差別如下表所示。

表 14-4-3　服務組合對比表

服務種類　項目	「救火」服務	「防火」服務
服務對象	「三包」期內的用戶	根據產品戰略，擴大例行檢查服務目標客戶的範圍
用戶溝通	沒有明確特定的內容	增加對用戶需求和相關信息回饋的內容
性能檢查	出現故障再解決問題	定期提醒檢測，把問題消滅在萌芽狀態

四、效果回饋

(1)效果測評

客戶的滿意是我們售後服務品質效果提升的惟一指標，因此為了評價售後服務體系提升的效果，每季都應進行售後服務滿意度調查。

(2)成績提升

為了使售後服務體系永遠處於一個不斷提升的過程，每次滿意度測評結束後，都由售後服務部門主管進行滿意度講評，找出差距以便在以後的服務工作中繼續進步。

第五節　業者的精彩案例

在產品同質化日益嚴重的今天，售後服務已經成為眾多廠商爭奪消費者的重要領地，良好的售後服務，是下一次銷售前最好的促銷，是提升消費者滿意度和忠誠度的主要方式，是樹立企業口碑和傳播企業形象的重要途徑。下列是 A 牌業者在售後服務方面積累了大量實戰經驗，再加以合理地改進，其服務模式比較成熟穩定，深得消費者認可。

1. 工程師接受服務任務

(1)接到上門服務任務

在接受顧客上門服務任務時，首先要明確並保證用戶信息準確。如果用戶信息不詳細，要及時同派工的信息員或調度員核實，若核實不到則直接電話聯繫用戶予以核實。

(2)對用戶反映信息進行分析

・ 根據用戶反映的現象，分析可能的產品故障原因，採取初期的維修措施，並準備所需備件。

・ 根據用戶位址、要求上門時間及自己手中已接活的情況，分析能否按時上門服務，如果是時間大短，不能保證按時到達，或同其他用戶上門時間衝突，要向用戶道歉、說明原因，得用戶同意與用戶改約時間；若用戶不同意，則轉其他人或回饋給中心信息員。

・ 此故障能否維修？如果從未維修過此故障或同類故障以前未

處理好，應立即查閱資料並請教對用戶信息其他工程師，或
同中心、總部進行聯繫。

· 此故障能否在用戶家維修？是否需拉修？是否需提供週轉
機？有可能無法在用戶家維修，需要拉修的，應直接帶週轉
機上門。

(3)聯繫用戶

在問題確定並找到解決方法後，應電話聯繫用戶，確認上門時
間、位址、產品型號、購買日期、故障現象等信息。

· 如果離用戶住地路途遙遠，無法保證按約定時間上門，要向
客戶道歉、說明原因並改約時間。

· 如果客戶位址、型號或故障現象不符，應重新確認，按確認
後的位址、型號或故障現象上門服務。如果客戶的產品超保，
要準備收據（發票），按公司規定的收費標準收取費用。

2.準備出發

(1)準備好各種服務工具

服務工程師應準備好維修工具、備件（或週轉機）、「五個一」道
具、保修記錄單、收據、收費標準、留言條、上崗證等，其中墊布
屬於必備物品，以免弄髒用戶的物品。為了防止工具帶錯或漏帶，
服務工程師在出發前要將自己的工具包對照標準自檢一遍。

(2)服務工程師出發

服務工程師要提前 1 小時出發，根據約定時間及路程所需時間
確定，以確保到達時間比約定時間提前 5～10 分鐘。

(3)服務工程師在路上

若服務工程師在路上遇到塞車或其他意外，要提前電話聯繫向

用戶道歉，在用戶同意的前提下改約上門時間或提前通知中心改派其他人員；如果服務工程師在上一個用戶家耽誤時間，應將信息回饋給信息員或相關人員，以便通知到用戶。

3. 正式服務前的工作

(1)服務工程師進門前的準備工作

服務工程師應首先檢查自己的儀容儀表，以保證：穿著工作服且正規整潔；儀表清潔，精神飽滿；眼神正直熱情；面帶微笑。

(2)敲門

規定的標準動作為連續輕敲 2 次，每次連續輕敲 3 下，有門鈴的要先按門鈴。如果用戶聽不見，或有其他事情無法脫身或用戶家裏無人，服務工程師應每隔 30 秒鐘重覆 1 次；5 分鐘後再不開門則直接電話聯繫用戶；如果電話聯繫不上，則同用戶鄰居進行確認，確認用戶不在家後，在用戶門上或顯要位置貼留言條，等用戶回來後主動電話聯繫用戶，同時通知客服中心。

(3)進門

服務工程師按約定時間或提前 5 分鐘到達用戶家，第一要自我介紹，確認用戶，並出示工作證。

(4)穿鞋套，放置工具箱

服務工程師穿鞋套時，先穿一隻鞋套，踏進用戶家，再穿另一隻鞋套，踏進用戶家門。放置工具箱時要找到一個靠近產品的合適位置，在保證工具箱不弄髒地面的前提下，取出墊布鋪在地上，然後將工具箱放在墊布上。安裝時，用蓋布蓋在附近可能因安裝而弄髒的物品上。要求服務工程師出發前一定要自檢，以防止工具箱、墊布太髒，工具箱內工具不整齊，零件放置雜亂等，給用戶造成壞

印象，影響公司形象。

4.開始服務

(1)耐心聽取用戶意見

· 服務工程師要耐心聽取用戶的意見，消除用戶煩惱。服務工程師用語要規範，具體來說要做到語言文明、禮貌、得體，語調溫和、悅耳、熱情，吐字清晰，語速適中。如果用戶惱怒、情緒激動，服務工程師要耐心、專心聽取用戶發洩，眼睛注視用戶並不時應答，讓用戶知道你在認真聽。

· 若用戶拒絕修理，要求退換，服務工程師要弄清用戶不讓修的原因，從用戶角度進行諮詢，打消用戶顧慮，讓用戶接受檢修服務。

· 如果用戶有強烈要求維修工休息、喝水、抽煙等違反服務規範的行為，服務工程師要詳細講解服務宗旨及服務紀律，取得用戶理解，服務工程師要嚴格按照公司要求操作。

(2)故障診斷

· 服務工程師應準確判斷故障原因及所需更換的零件，若產品超過保質期，則向用戶講明產品超保需收費，　得用戶同意並出示收費標準。

· 服務工程師要嚴格按照公司下發的相關技術資料，迅速排除產品故障。能在用戶家修復的就現場修復，不能在用戶家修復的，要委婉地向用戶說明需拉回去修，並提供週轉機。對需拉修產品的外觀要進行檢查，出示欠條並簽字。

· 若安裝產品，則安裝前要與用戶商量安裝位置，尊重用戶的意見，如果用戶的意見違背了安裝規範，則應向用戶說明可

能會出現的隱患，請用戶再斟酌，但最後的意見一定要由用
戶來確定。

· 如果在維修時遇到用戶家吃飯，而產品一時不能修復，原則
上在征得用戶同意的前提下繼續維修，如確有不便則清理現
場，與用戶約定，等用戶吃完飯再回來，明確再回來的時間（不
能在用戶家吃飯）；若用戶強烈要求服務工程師吃飯，則婉言
謝絕。

· 試機通檢。服務工程師要保證產品修復正常，且無報修外的
其他故障隱患。如果產品未修復，要重新檢修或拉修；存在
其他故障隱患要將其他故障隱患一並排除掉；若服務工程師
沒有時間試機，則兩小時後跟蹤回訪，以確保機器運行恢復
正常。

· 指導用戶使用產品及現場清理。服務工程師在試機通檢後，
要向用戶培訓產品的基本使用常識及保養常識，對於用戶不
會使用等常見問題進行耐心講解。

· 維修完畢後，服務工程師要將產品恢復原位，用自帶的乾淨
抹布將產品內外清擦乾淨，並清擦地板，清理維修工具。

· 請用戶簽寫意見之前，自己要對產品及現場自檢一遍，防止
現場清理不乾淨、工具遺漏在用戶家等；如果產品搬動復位
時將地板、產品碰壞，要給用戶照價賠償。

5. 收費

(1)升級費用

在上門維修開始時，服務工程師要首先向用戶出示收費標準和
服務政策。如果使用備件要向用戶出示備件費用，按用戶要求給用

戶的產品進行升級,在收費時要給用戶開具發票或收據;用戶要求將舊件折費的,服務工程師要給用戶講明服務政策及公司規定,按標準收費。

(2)軟體收費

上門安裝的軟體在一個月內,給用戶免費調試並保證講解培訓要到位;三個月後,給用戶調試的時候,如果需要收費,則給用戶開具發票或收據。

(3)超保收費

出示收費標準,嚴格按收費標準進行收費,並開具收據或發票。如果收費標準與用戶保修證標準不符,要以二者中最低收費標準為準,若現場未帶發票,應與用戶約定再送發票或寄發票。

(4)其他

如果用戶拒絕支付「超保」維修費用,或要求減免費用等,服務工程師要詳細向用戶解釋維修規定及保修期範圍,讓用戶明白收費的合理性,如果用戶一再堅持,則將信息處理結果報回中心,根據中心批示處理,特殊情況向中心領導彙報,請求批示。

6.服務完畢

(1)徵詢用戶意見

服務工程師在維修完畢後要詳細填寫保修記錄單內容,讓用戶對產品的維修品質和服務態度進行評價,並予以簽名。

(2)贈送小禮品及服務名片

臨別時,服務工程師要向用戶贈送小禮品及名片,若用戶再有什麼要求,可按服務名片上的電話進行聯繫。如果用戶要求服務工程師留下電話,服務工程師要向用戶解釋,名片上的電話為公司服

務電話，若有什麼要求，我們都會及時上門服務。

(3)離開時向用戶道歉回訪

與用戶道別時，服務工程師要走到門口先脫下一隻鞋套跨出門外，再脫另一隻鞋套，站到門外，最後再次向用戶道歉。如果在用戶家中脫了鞋套，服務工程師要用抹布將地擦拭乾淨，並向用戶道歉。對於沒有徹底把握能將用戶產品修復的情況，維修工應在 3 小時後進行回訪(正常情況下由客服中心統一回訪)，若回訪用戶不滿意，則重新上門服務直至用戶滿意為止。

7. 回訪與信息回饋

服務工程師要將《服務任務監督卡》當天回饋至網點信息員處，網點信息員當天將用戶結果回饋給中心。如果《服務任務監督卡》上的「滿意」不是用戶所簽或保修記錄單未及時回饋，網點信息員會每日與維修人員對賬，對弄虛作假行為按規定處理，並及時回訪用戶採取補救措施；若網點信息員信息回饋不及時，中心信息員每天同網點信息員在固定時間對賬，並按規定處理。

第六節　售後服務的分析與改善

　　吸引一位新顧客所耗費的成本，大概相當於保持一個現有顧客的 4 倍。企業花費龐大人力、物力、財力去開發新客戶，如果顧客對企業沒有較高的忠誠度，企業就會陷入顧客群不斷開發又不斷流失的怪圈。在現實中，許多顧客對企業的忠誠度低的可憐。開發新客戶成本不僅高，而且不去刻意維護它，它還會流失的。因此，對企業來說，只顧不斷地開發新客戶，而忽視對老顧客的維護，確實不划算。

　　讓顧客滿意，除了產品質量、性能的優越為顧客帶來真實的使用價值以外，還有更為重要的一點就是產品的售前、售中、售後服務。在工業產品和服務業銷售中，服務顯得越來越重要，而在日用品消費領域，服務的價值卻常常被企業忽視。其實，在產品同質化日益激烈的今天，任何領域都不能忽視服務的力量。誰的服務更好，誰就能贏得更大的效益。如果一個企業將顧客的流失率降低 5%，其利潤就能增加 25%～85%。可見，讓顧客滿意就是為企業創造利潤。

一、售後服務問題的案例分析

　　近年來企業對服務的重視程度提高到新的層次，多數企業的服務觀念也在快速的跟進。

　　面對激烈的市場競爭，各大廠商紛紛高舉「服務」大旗以贏取

顧客的心，他們制訂的每個有關服務的營銷計劃都顯得非常具有吸引力。在服務系統的構造上，許多企業也早已完整的服務機構，在精力與資金投入方面還在不斷追加。

服務不會是任何企業的長久優勢，同樣也會面臨同質化的問題。以家電企業為例，你承諾 1 年包修，我就承諾 2 年。你 24 小時送貨上門，我就承諾 12 小時送貨上門。那麼，怎樣才能構建服務優勢，已經成為企業最關心的話題之一。

一位先生購買了一台知名品牌的電冰箱，廠家承諾在晚上 7 點以前送貨上門。先生於是覺得這下可以回家等著電冰箱的到來了。晚上 7 點，電冰箱還沒送到，打電話問詢，廠家回答說：9 點鐘之前一定能到。等到 9 點，先生的妻子開始不耐煩，當初買電冰箱的欣喜勁兒變成了委屈，因為電冰箱還是沒到。那位先生再次打電話查詢，接線員態度較好，說：送貨車已經出來了，10 點鐘之前能到。等到了 10 點鐘，送貨車還是沒來。那位先生的全家都非常生氣。結果，10 點半，服務人員趕到，到了那位先生家，非常敬業的忙上忙下，態度也非常好。將電冰箱安裝並調試好，已經是 11 點多。

可以說，整個服務過程中，企業真正做到了 24 小時服務電話，隨時反應問題。服務人員也做到了任勞任怨，沒有喝顧客的一口水，服務態度誠懇等等，可是，到頭來，顧客還是非常不滿意。企業的服務人員在描述這件事時也感到很委屈，服務人員從早忙到晚，連晚飯也沒吃就不停地為顧客進行服務。可為什麼顧客還是不滿意呢？

也許電冰箱廠家的售後服務並不比別的廠家差。售後服務部門

健全、服務人員也進行了嚴格的培訓，服務意識和態度也非常好。但為什麼顧客還是不滿意？那是因為廠家沒有兌現承諾，也就是說「說到但沒做到」。說 7 點送貨，結果讓顧客等到 10 點半才送到，讓顧客白等了 3 個多小時，顧客當然不滿意。此案例表面看起來，是一個服務時間安排不合理的問題，實際上是整個服務規劃混亂，承諾與執行脫節的問題。因此，解決問題就要從解決細節入手。

二、售後服務問題的解決之道

1. 售後服務的內容，要量力而行，盡力而為

設計售後服務的內容，應該要根據企業的實際狀況和消費者的需求確定，而不能一味為了顯示實力與競爭對手攀比，造成承諾無法實現或成本過高的局面，這樣不僅不利於服務質量的提升，也會對企業的經營造成困難。一般來說，服務的設計過程如下：

(1)消費者需求分析

消費者服務需求分析是設計服務系統的前提。只有真正瞭解消費者需要什麼樣的服務，才能設計一個切實可行的服務系統。因此，設計服務系統的第一步就是對消費者進行詳細週密的調查，瞭解用戶期望本企業提供怎樣的服務。許多企業儘管向用戶提供了一定的服務，但由於沒有找準用戶的需求，因此耗費大量的人力物力，但效果卻不佳。例如：並不是送貨越快就說明你的服務越好，實際上，顧客購買產品有一定的送貨時間要求。比如：週一到週五期間購買洗衣機，大多數顧客希望在晚 8～9 點之間送貨，因為 8 點前正下班回家、準備晚飯的時候。這時你雖然早了 1 小時送貨，但可能打破

了顧客的生活規律，會造成顧客晚飯吃了一半，就不得不忙著裝洗衣機的局面。相反的，週六或週日可能又有不同的時間要求。因此，並非時間早就好，而要符合消費者的要求和實際狀況。

⑵競爭對手分析

瞭解競爭對手尤其是行業領導廠商的服務內容，對本企業也具有現實意義。

行業的領導者也往往在服務上處於領先位置。知己知彼，百戰不殆。瞭解對手的優缺點，進而在設計時避免缺陷，才能在競爭上超越對手，獲得消費者的親睞。

⑶綜合分析

根據得到的資料和資訊綜合各種要求，設計服務項目，部份項目應根據用戶要求予以適當增刪。在這項中，充分考慮企業的實際資源狀況非常重要。要避免承諾做不到的事。

⑷建立標準

建立服務質量控制的標準，對服務質量進行評估，並做好評估工作的實施計劃，以使服務能真正落到實處。

⑸做好實施工作

如對售後服務人員進行合理地配置和適當培訓，以及做好與合作的專業公司的協調等問題，按照實施計劃進行日常工作，並定期彙報，把服務績效和獎勵相結合，進行考評等工作。

2. 售後服務要注重實施細節

一般而言，服務的主要內容包括售前服務、售中服務和售後服務。在這個過程中，細節是服務的關鍵。

(1)服務部門的組織框架和職能設計

①服務部經理：全權負責有關服務的事項，進行決策並向企業主管彙報和反饋工作狀況。

②顧客資訊管理員：負責顧客資訊匯總；日常電話與接待工作；每日安裝計劃錄入與派工；顧客投訴工作匯總及顧客電話回訪等。

③後續服務員：維修清單匯總與上報；安裝維修的抽查及人員服務態度的抽查；每月提出對售後服務的建議。

④技術督導員：解決安裝與維修中的疑難問題；對安裝與維護技術的培訓；改進安裝技術。

⑤技術安裝維修員：對顧客進行免費安裝及良好的售後服務；對顧客裝機進行調試。

(2)工作流程的設計

工作流程的設計是售後服務的重要環節，它的合理與否，極大地影響了服務的效率和成本。對於一般家電企業而言，一般包括：安裝派工流程、安裝調試人員工作流程、維修流程、回訪制度和流程。

①安裝派工流程：安裝派工主要針對不同顧客提出的上門維修、安裝等要求的整理，並把這些資訊有效地安排給工作人員。在這個過程中，注意瞭解顧客所在的地區和路線，對顧客地址、電話、顧客何時比較方便等信息做詳細記錄。派工並不是完全按照時間的順序來決定，盡量按照交通就近、地區就近等原則安排不同的服務人員，這樣可以節省大量時間。

②安裝調試人員的工作流程：為確保服務時不出現偏差，安裝調試人員在出發前應和顧客再次進行電話聯繫，確認時間安排是否

妥當。注意，在打電話時，如果顧客在單位，而電話打進時顧客又恰好不在，應儘量避免談及維修的事。如果顧客所留的是傳呼，應給顧客進行留言，切忌只留電話不留言。

　　在入戶安裝前，應再次檢查所帶工具和服務反饋卡等，明確位置。在時間上要留有餘地，儘量比約定時間早到 2～5 分鐘，最好提前 10 分鐘敲顧客的門，在安裝中，應保持專業的形象，不給顧客造成麻煩。如果因為安裝弄髒顧客的傢俱、地面或牆壁，要儘量清洗乾淨，得到顧客的認可後方可離開。

　　安裝完畢後，要徵求顧客的意見，在臨別時請顧客填寫反饋卡。並為顧客留下服務電話。回到公司後，將反饋卡交給資訊員，以備日後的檢查巡訪。

　　③維修流程：接到維修電話後最遲不得超過 1 天應給予顧客答覆，約好時間後應儘快解決顧客的問題，在維修中向顧客表示歉意。

　　④回訪制度：回訪主要針對服務的質量和態度進行監督，主要有電話回訪和上門回訪結合的方式進行。電話回訪選擇的時間要在顧客方便的時間，避免將電話打到顧客的工作單位，一般應選擇在週六、週日等時間，對於給顧客帶來的麻煩應表示歉意。上門回訪應該給顧客一些小禮物，以示感謝。

3. 售後服務要有良好的內部管理

(1)接聽電話的服務管理

　　一般而言，接聽電話分為：普通應答電話、諮詢電話、報單電話、維修電話的投訴電話。不同的電話應有不同的應答標準和技巧。接到投訴電話時，應首先向顧客道歉。注意在打電話時不得使用不禮貌的言語與顧客交談，說話的語氣要儘量輕鬆和藹，容易讓顧客

接受。

(2)售後服務人員管理

為了樹立良好的部門形象，促進部門的健康發展，應規範售後服務人員行為，提升售後服務人員工作信念、禮儀標準，確保工作水準。應該以獎優懲劣為手段，制定《售後服務品質管理辦法》，確保服務過程中保持良好的企業形象。

(3)獎懲制度

根據服務的反饋和監督建立獎懲的標準，是服務標準得以實施的關鍵。

第 *15* 章
售後服務的績效控制

售後服務需要控制服務環節，每一個售後服務網點在為顧客服務後，都要按照規定登記各種服務資料和數據，可根據服務工作的實際需要，制定出處理方法和模式。售後服務是顧客十分關心的問題，企業必須做好管理監督並建立考核制度。

◀))) 第一節　解析售後服務的資訊分析

售後服務網點在每次為顧客服務後都會按照規定登記各種服務資料。資訊數據資料庫建立後，需要對資訊和數據進行處理。根據企業服務工作的實際需要，制定出資訊數據的處理方法和模式，並在實際工作中加以運用。

1. 基本統計資料

售後服務資訊數據的基本統計工作，主要包括以下幾個方面的內容：

⑴電器保養費用——以特約維修站為單位，每月統計一次。

⑵「三包」服務費用——工時費、材料費、救援費、全年單台

車索賠費。各特約維修站、主要銷售地區以至於全部銷售車輛的「三包」服務費用統計。

(3)售前售中服務費用——對售出前的車輛進行服務所發生的索賠費用進行統計，每月統計一次。

(4)技術聯絡書對市場技術聯絡書所反映的質量問題的故障類型、故障發生部位、某段時間內的故障發生頻次等進行統計。

(5)顧客滿意資訊——客戶抱怨率統計，用戶意見、建議的歸納整理。

2.故障率分析

在基本統計工作的基礎上對獲得的資訊數據進行分析：

由許多零件組成的產品，儘管各個零件的故障形式不同，組成產品後，其無故障時間則服從指數分佈。如果產品的故障是偶發型的，對於指數分佈，產品發生故障的頻度就和已使用的時間無關。根據此原則，可以用故障率來觀察不同時期生產的產品發生故障的頻度，以此作為判定不同時期產品質量的整體水準的重要依據之一。

3.因果圖分析

通過對企業售後服務資訊資料庫中「三包數據表」、「技聯書台賬表」以及「用戶投訴檔案」的資訊進行分析，可以羅列出問題產生的諸多原因，畫出因果圖，最終找出影響顧客滿意度的根本因素，從而對症下藥提出解決方法。

找到客戶投訴產生的根本原因後，針對存在的問題積極採取服務改進的對策。例如，加強對各地特約維修站的管理，努力做到配件的及時供應等等，這樣企業能夠保住已有的市場，開拓出新的天地，真正體現「用戶至上」的工作原則，從而繼續得到廣大客戶的

信賴。

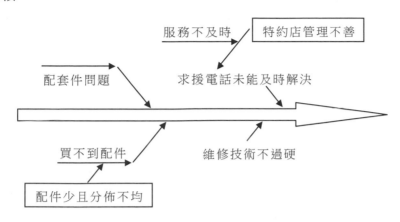

第二節　製造型、買賣型、服務型企業售後服務評價項目

一、服務文化評價

1. 服務理念

(1)企業有明確的售後服務理念，該理念能夠貫穿企業售後服務的各個環節，並以此指導企業售後服務工作。

(2)企業售後服務人員熟知本企業的售後服務理念，並在售後服務過程中認真完整的執行。

(3)企業對外宣傳自己的售後服務理念，並準確地傳達到客戶。

2. 服務承諾

(1)企業有明確的售後服務承諾，並保證能準確有效地傳遞給客戶。

(2)企業在產品廣告、宣傳頁、保修卡、銷售合約等銷售材料中，所註明的售後服務承諾要準確一致。

(3)企業完全履行自己的售後服務承諾。

3. 服務策略

(1)企業有明確的售後服務策略，該策略能夠對整個售後服務工作起到指導作用。

(2)企業的售後服務策略既能滿足客戶的需要，又能使企業的售後服務成本保持合理水準。

4. 服務目標

(1)企業有明確的售後服務工作目標，並根據企業實際情況制定長遠目標、中期目標和年度目標。

(2)企業的售後服務工作目標包含數量化指標，可以對企業的售後服務部門與人員進行考核。

(3)企業應適時進行售後服務目標的調整。

二、 服務體系評價

1. 組織管理

(1)企業設立專門的售後服務組織機構，該機構為企業的重要職能部門。

(2)企業售後服務組織機構具備完善的職能設計、明確的組織分

工、充足的人員配備和良好的運轉機制。

2. 服務網點

(1)企業在產品銷售較為集中的地區設立售後服務網點。

(2)企業售後服務網點覆蓋其產品銷售範圍的 70%以上。

(3)企業應對售後服務網點中委託建立的服務網點進行嚴格的管理。

3. 人員配置

(1)企業必須配置專職的售後服務管理人員和監督人員。

(2)企業必須配置一批專職的售後服務工作人員，人員結構和數量應根據本行業特點保持在合理水準。

(3)企業必須配置專業的維修技術人員，並具備相應的資質證書。

4. 業務培訓

(1)企業有完善的針對售後服務人員的服務培訓體系，並配有相應的培訓計劃、培訓課目和培訓費用。

(2)企業必須進行售後服務人員的上崗培訓。

(3)企業有充足的售後服務人員培訓經費，年度　培訓經費佔年度售後服務投入的比例不少於 2%。

5. 服務投入

(1)企業在售後服務方面有一定的固定資產投入，根據行業特點和要求，投入必要的、完善的售後服務設施。

(2)企業有充足的售後服務年度經費投入。年度經費佔整個銷售額的比例不少於 1%。

三、服務制度評價

1. 服務規範

(1)企業制定完整的售後服務規章制度，能夠覆蓋企業產品售後服務的各個環節。

(2)企業制定的售後服務規章制度以企業文件形式體現，從而形成統一完善的售後服務規範體系。

(3)企業制定的售後服務規章制度包括：售後服務人員從業規範、產品配送服務規範、品質技術服務規範、產品退換服務規範、安裝維修服務規範、投訴處理服務規範、顧客跟蹤服務規範等內容。

(4)企業售後服務工作和服務人員嚴格執行企業制定的售後服務規章制度。

2. 服務流程

(1)企業制定完善的售後服務流程，整個流程要統一、規範、合理，具備可操作性，能夠使整個售後服務處於有序狀態。

(2)企業售後服務人員嚴格按照售後服務流程進行工作。

(3)企業將售後服務流程通過一定的管道明示給客戶。

3. 服務監督與獎懲

(1)企業設立內部的售後服務監督機構，該機構的負責人為專職人員，能夠長期有效地監督企業售後服務系統的運轉情況，及時協調整個售後服務系統的工作。

(2)企業能長期有效的對售後服務部門及工作人員實施獎懲，規範整個售後服務工作。

4. 服務制度管理

(1)企業遵循嚴格的程序制定各項售後服務制度。

(2)企業定期修訂各項售後服務制度。

四、配送安裝

1. 商品包裝

(1)企業所售商品的包裝必須完整、安全、便於運輸或攜帶。

(2)企業所售商品的外包裝有完整的企業和產品信息，便於客戶識別和瞭解。

2. 配送服務

(1)企業建立完善的配送系統，在銷售終端為客戶提供便利的配送服務。

(2)企業不斷改進配送系統，提高配送效率。

(3)企業對客戶所承諾的送貨範圍、送貨時間及時兌現。

3. 安裝調試

(1)企業提供免費的產品安裝和技術調試服務。

(2)企業為客戶提供及時的安裝調試服務，保障客戶正常使用。

(3)企業提供完善的產品使用指導服務，準確解答客戶的各種疑問。

五、 維修服務

1. 維修保障

(1)企業長期提供產品維修所需的技術諮詢服務。

(2)企業明示產品的保修時間、維修收費、維修承諾等服務規定。

(3)企業設立方便、有效的報修管道，並安排專人負責報修登記或接待服務。

(4)企業制定並遵守完善的報修、送修或上門維修的服務程序和服務規範。

(5)企業的維修收費明碼標價且收費合理，維修價格調整後要及時告知客戶。

(6)企業有完善的產品退換制度，能夠保證顧客快捷方便的退換產品。

(7)企業具備服務補救措施。當產品出現企業沒有預見到的、難以維修的品質問題後，能實施產品召回或其他補救賠償措施。

2. 維修設施

(1)企業建立必要的維修設施，配備先進的維修設備和技術服務人員。

(2)企業定期對維修設施、設備和器材進行檢查，保證維修服務的正常進行。

(3)企業建立完善的維修材料和配件供應體系，保證產品維修所必須的快捷供應。

3. 技術支援

⑴企業在產品有效期內為客戶提供持續的各類技術支援服務。

⑵企業提供完善的產品說明書、產品技術數據和安全使用說明。

⑶企業免費提供產品使用所必須的客戶培訓。

⑷企業通過電話、網路、印刷品等多種管道為客戶提供各種形式的技術支援服務。

六、客戶投訴

1. 投訴管道

企業設立投訴接待制度，為客戶提供多種形式的投訴管道。

2. 投訴記錄

企業建立完整的投訴記錄，投訴處理結果及時回饋投訴人。

3. 投訴處理

⑴企業必須及時處理客戶投訴，客觀、公平、有效解決客戶投訴。

⑵企業產品投訴率低於 1%，沒有客戶針對該企業產品品質的訴訟案件。

⑶企業產品投訴解決率不能低於 97%。

⑷企業能夠及時彌補售後服務中的不足，採取減少顧客投訴的措施，有效減少顧客投訴。

七、客戶管理

1. 溝通管道

(1)企業設立企業網站，企業網站中包含售後服務的頁面和內容，網站能夠提供在線服務功能，設有客戶在線論壇或提供顧客能夠與企業聯繫的企業郵箱。

(2)企業設立客戶服務熱線、投訴電話、報修電話，鼓勵企業開設呼叫中心和 800 免費電話。

(3)企業建立防偽查詢方面設施，使用戶能夠通過電話或上網進行防偽查詢。

(4)企業有完善的顧客回饋信息收信機制，能夠有效的搜集顧客回饋信息，並將回饋信息傳達到相關的企業部門。

2. 客戶關係

(1)企業建立完善的客戶管理檔案，鼓勵企業建立電腦化的客戶管理系統，能夠有效的進行顧客使用情況跟蹤。

(2)企業有完善的顧客回訪制度，使用多種方式開展顧客回訪活動。

(3)企業設立顧客評比制度，能夠每年舉辦有顧客參與的、針對企業售後服務網點服務品質的評比活動。

(4)企業每年進行顧客滿意度調查，及時掌握顧客的意見。

(5)企業為顧客提供有針對性的主動服務活動，鼓勵企業主動進行覆蓋率高、持續時間長、效果明顯的各類售後服務活動。

八、 服務改進

1. 產品改進

(1)企業每年進行產品的改進和升級換代工作，鼓勵企業在產品品質方面的改進工作。

(2)企業通過國內認可的相關品質和安全認證，鼓勵企業通過國際認可的相關品質和安全認證。

2. 服務改進

(1)企業採取措施逐年降低產品返修率。

(2)企業採取措施保證維修品質，最大限度降低二次返修率。

3. 管理改進

(1)企業採取相關措施，提高內部服務品質管理水準，並加強外部監督。

(2)企業確定具體的服務改進目標，服務改進目標數量化，具備可操作性。

(3)企業適時進行提高售後服務水準的各類研究工作，鼓勵企業設立專門的售後服務研究機構或委託專業研究機構進行研究和諮詢。

第三節　售後服務水準的內部措施

　　企業的售後服務一方面是對前期服務的兌現，以費用支出為主；另一方面對有增值的服務，適當收費。無論是那方面都需要控制服務的每個環節，加強企業的內部控制措施。為了提升企業的服務水準，加強企業的售後服務管理；有必要實施以下的內部控制措施：

1.提高售後服務人員的職業素質

　　售後服務的質量，首先取決於售後服務隊伍的自身素質。堅持培訓教育、組織整頓、專業技術培訓「三結合」，強調售後服務人員的職業精神、職業道德、職業操守，以職業道德作為標準。

2.加強人員技術培訓

　　技術培訓首先是選派優秀教員，做定期或專項培訓。其次是派精通技術、有責任感的管理骨幹與技術尖子充實到服務隊伍，強化對服務人員的業務技能培訓與規範化管理。

3.建設網路資訊平台

　　網路資訊系統整合了售後五方面的管理工作，即：客戶、配件、結算、技術和資訊。客戶中心負責用戶資訊自動跟蹤、顯示，網上或短資訊派單等工作。它根據顧客的服務要求，聯繫和調配各部門的工作。

4.加強服務站網點管理

　　依照公司建站、撤站的制度規定，強化對服務網點的管理。隨

銷量增加，並根據產品流向和區域投放量，擇優建站，做到「成熟一個，鞏固一個」。對各地特約維修網點實行劃區分片管理，責任到人，健全售後服務內部控制體系。

5. 完善激勵制度

對公司的售後服務總部、區域服務中心、各維修站點服務質量實行 A、B、C 三級考核辦法，對不同等級的服務質量分別給予考核，獎優懲劣，促進完善和優化服務。

6. 加強服務監督

一個用戶從報修到圓滿處理，及回訪落實，形成一個封閉環。無論那一環脫節，都能及時發現。對於用戶的處理，實行服務站、服務中心、總部三級督辦，做到不遺漏一位用戶，並使用戶滿意。

7. 優質服務具體化

許多公司都參考和採用了 ISO 的服務標準。企業應將整個售後服務過程分解為不同的步驟，制定管理規定和程序，包括服務人員的禮儀規範、行為規範、行為規範、工作細節等等內容。

8. 控制服務成本

售後服務是有成本的，控制本身也是有成本的。嚴格控制用戶的維護登記單、零配件使用單，做到每個步驟的費用清清楚楚，有賬可查。

9. 掌握本行業有關的法律法規

售後服務是具有很強的技術性和政策性的。就政策性而言，法律法規對消費者、自然環境的保護力度越來越大。

第四節　售後服務外包的檢討

　　廠家要顧及產品的設計、生產、銷售等已經忙得不可開交。對於企業來講，增加一項職能，員工的數量增加，管理控制的難度就會加大一倍。廠家的售後服務中心、中心城市的服務網點還可以做到直接服務、管理，然而到了三四線市場就力不從心了。

　　廠家在產品代理時就需要挑選售後服務承包商，可能是產品的代理商，也可能是專業的服務商。廠家與特約服務單位簽訂協定，實施遙控管理，但並不代表外包售後服務了，企業就可以不做什麼了。企業管理三四級售後服務網點，需要做到以下工作：

1.建立廠家與外包商的溝通體制

　　廠家將售後服務外包出去，接下來的工作就是雙方的工作協調了。廠家與服務商要確定雙方的解決問題流程、溝通方式、責任劃分、雙方工作對接的崗位（外包商的那個問題需要跟廠家那個部門崗位溝通）、財務報賬標準和網路資訊系統。

　　售後服務外包商的服務代表著企業的形象、服務質量。廠家要協助外包商制定服務流程，特別是在管理制度不規範的三四線市場的外包商。企業要求外包商建立雙方都能接受的服務流程，符合廠商一直沿用的服務制度程序，這樣雙方在合作上才能順利對接。

　　廠家與服務外包商需商量採用那些溝通管道，如電話、網路、傳真等；規定外包服務商需要將單據（費用發票、配件訂貨單等）如何傳遞，那個步驟的單據傳遞給那個部門那個崗位，那些職權是外

包商的；那些職權和責任需要請示廠家，以及財務報賬那些業務採用那種類型的單據、報銷時間、結算方式。

2. 培訓外包服務人員

售後服務人員對外都代表了公司的品牌和形象，廠家要將外包服務人員與公司的員工同等對待。消費者是將他們看作代表著廠家的服務質量，而不是那個外包商的責任。售後服務工作最基本的就是做到顧客滿意，並不期望做多少「形式主義」細節工作，給顧客帶來多少增值服務感動他們，能做好本分工作就行了。

本分工作就是售後服務人員掌握好應有的服務禮儀、維修技術等知識和技能。廠家將服務外包，但在技術方面還是需要廠家認真培訓好外包售後服務人員。要重視對服務人員的綜合素質，諸如產品知識、服務應答規範等各方面的培訓，經常性地舉行售後人員培訓。培養服務人員具有過硬的專業知識和兢兢業業為顧客服務的責任心。

3. 定期對每個外包售後網點進行跟蹤服務

詢問日前需要什麼配件，維修費用的結算可到賬了，目前的難點是什麼等等。根據反饋意見討論如何提高工作效率，如何更好地處理顧客的抱怨等，並確定需要培訓或增加支援的內容。廠家要提醒、協助並嚴格要求外包售後人員及時、認真地做好系統檢測表，處理好顧客意見問題，並要有具體參數登記，或發票憑據等，以便覆查或結算時，不要造成麻煩。

4. 廠家要與外包服務人員多溝通

公司中心要經常打電話或出差拜訪當地售後服務人員，關心他們的生活問題，詢問售後服務中遇到的問題、技術的難點。注重感

情投資，逢年過節多贈送慰問品、換季衣裝等。尤其是換季衣裝，既是代表公司的心意，又宣傳自我品牌。處理售後服務人員的異議和矛盾。不可動不動用制度壓人，不可搪塞，不可隨便找任何藉口。

第 *16* 章

附　錄　售後服務管理辦法

第一章　總則

第 1 條　本公司為規範售後服務部的工作，促進以客戶滿意度為導向的售後服務方針的實施，特制定本辦法。

第 2 條　本辦法呈請總經理核准公佈後施行，修正時亦同。

第二章　售後服務的內容

第 3 條　售後服務的內容主要包括產品送貨服務、安裝調試服務、維修服務、退換貨處理、客戶投訴受理及客戶意見調查與回饋內容。

第三章　服務作業流程

第 4 條　售後服務的作業分為下列四項：

1. 有費服務(A)：凡為客戶保養或維護本公司出售的商品，而向客戶收取服務費用者屬予此類。

2. 合約服務(B)：凡為客戶保養或修護本公司出售的商品，依本公司與客戶所訂立商品保養合約書的規定，而向客戶收取服務費用

者屬於此類。

3. 免費服務(C)：凡為客戶保養或維護本公司出售的商品，在免費保證期間內，免向客戶收取服務費用者屬於此類。

4. 一般行政工作(D)：凡與服務有關之內部一般行政工作，如工作檢查、零件管理、設備工具維護、短期在職訓練及其他不屬前三項的工作均屬於此類一般行政工作。

第 5 條　有關服務作業所應用的表單規定如下：

編號	表報名稱	說明
服表 001	服務憑證	商品銷售時設立，作為商品售後服務的歷史記錄，並作為技術員的服務證明。
服表 002	叫修登記本	接到客戶叫修的電話或函件時記錄。
服表 003	客戶商品領取收據	凡交本公司修理商品，憑此收據領取。
服表 004	客戶商品進出登記本	於攜回客戶商品及交還時登記。
服表 005	修護卡	懸掛於待修的商品上，以資識別。
服表 006	技術人員日報表	由技術人員每日填報工作類別及耗用時數，送服務主任查核。
服表 007	服務主任日報表	由服務主任每日彙報工作類別及耗用總時數，送服務部查核。

第 6 條　服務中心或各分公司服務組，於接到客戶叫修電話或文件時，該單位業務員應即將客戶的名稱、位址、電話、商品型號等，登記於「叫修登記簿」上，並在該客戶資料袋內，將該商品型號的「服務憑證」抽出，送請主任派工。

第 7 條　技術人員持「服務憑證」前往客戶現場服務，凡可當

場處理完妥者即請客戶於服務憑證上簽字，攜回交於業務員於「叫修登記簿」上注銷，並將服務憑證歸檔。

第 8 條　凡屬有費服務，其費用較低者，應由技術人員當場向戶收費，將款交於會計員，憑以補寄發票，否則應於當天憑「服務憑證」至會計員處開具發票，以便另行前往收費。

第 9 條　凡一項服務現場不能處理妥善者，應由技術員將商品攜回修護，除由技術員開立「客戶商品領取收據」交與客戶外，並要求客戶於其「服務憑證」上簽認，後將商品攜回交與業務員，登錄「客戶商品進出登記簿」上，並填具「修護卡」以憑施工修護。

第 10 條　每一張填妥的「修護卡」應掛於該商品上，技術員應將實際修護使用時間及配換零件詳填其上，商品修妥經主任驗訖後在「客戶商品進出登記簿」上註明還商品日期，然後將該商品同「服務憑證」，送請客戶簽章，同時取回技術員原交客戶的收據並予以作廢，並將「服務憑證」歸檔。

第 11 條　上項攜回修護的商品，如系有費修護，技術員應於還商品當天憑「服務憑證」，至會計員處開具發票，以便收費。

第 12 條　凡待修商品，不能按原定時間修妥者，技術員應即報請服務部主管予以協助。

第 13 條　技術員應於每日將所從事修護工作的類別及所耗用時間填「技術員工作日報表」送請服務部主管核閱存查。

第 14 條　服務部主管應逐日依據技術人員日報表，將當天所屬人員服務的類別及所耗時間，填「服務部主管日報表」。

第 15 條　分公司的客戶服務部主管日報表，應先送請經理核閱簽章後，轉送客戶服務部。

第 16 條　服務中心及分公司業務員，應根據「叫修登記簿」核對「服務憑證」後，將當天未派修工作，予次日送請主任優先派工。

第 17 條　所有服務作業，市區採用六小時，郊區採用七小時派工制，即叫修時間至抵達服務時間不得逾上班時間內六小時或七小時。

第 18 條　保養合約期滿前一個月，服務中心及分公司，應填具保養到期通知書寄與客戶，並派員前往爭取續約。

第四章　送貨服務管理

第 19 條　對一些體積較大、大重量、不易搬運的商品，由公司負責提供送貨服務。

第 20 條　對一次性購買金額達到×××元客戶，公司可對其提供送貨上門的服務。

第 21 條　送貨服務人員應按與客戶約定的時間將客戶所購買的商品送到客戶指定的地點。

第 22 條　送貨前，送貨服務人員應主動打電話與顧客聯繫，確認顧客具體住址、電話、姓名、送貨時間、所購買產品的型號等內容。

第 23 條　嚴禁遲到或無故失約；若中途過程出現特殊情況，必須提前與客戶聯繫並說明情況，同時向客戶表達歉意。

第 24 條　送貨服務人員要確保所送產品的安全。在送貨上門的過程中，有關人員應當採取一切必要的措施，確保自己運送貨物的安全。如遇開箱殘次機必須將殘次機拉回，同時應與顧客確定再次送貨時間，及時為顧客更換新機，直到顧客滿意。

第 25 條　送貨服務人員到達送貨地點時，敲門時應有禮貌地詢問「請問這是××先生（女士）的家嗎」，同時告知「您好，我是××公司的送貨員，給您送貨來了」。

第 26 條　送貨服務人員在進入顧客家前應穿上自備鞋套。

第 27 條　把貨物送到顧客家後，按顧客要求把貨物搬到指定位置，要求輕抬輕放，嚴禁在地板上拖、拉、推，以免損傷顧客家中物品。

第 28 條　貨物擺放到位後，要立即開箱驗機，應請顧客對其開箱進行驗收檢查，然後正式簽收。

第五章　安裝調試服務管理

第 29 條　顧客在門店購買需要進行安裝的產品後，若顧客提出安裝需求，相關工作人員應詳細記錄顧客的具體安裝時間、安裝要求等信息。

第 30 條　售後服務部將安裝派工單及時發送給安裝公司。

第 31 條　安裝部門工作人員佩戴相關證明上門，給顧客進行安裝。

第 32 條　售後服務部就商品安裝情況對客戶進行回訪，作為對安裝部門考核的內容之一。

第六章　維修服務管理

第 33 條　公司維修人員經培訓合格，或取得崗位資質證書後才能上崗，公司鼓勵維修人員通過多種形式提高其維修技能。

第 34 條　維修服務管理工作流程。

維修服務管理工作大致可以分為如下 6 個步驟。

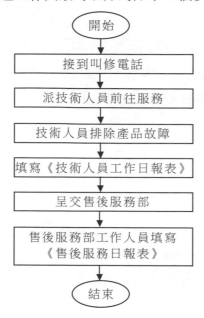

(1)售後服務工作人員接到維修來電、來函時，應詳細記錄客戶名稱、位址、聯繫電話、商品型號等信息，並儘量問清存在的問題和故障現象，將這些信息登記於《售後服務登記表》上，同時送請售後服務主管派維修人員到顧客指定的地點進行維修。

(2)維修部接到報修單後，初步評價故障現象，並在接到用戶的報修請求後的××分鐘內，安排專人與用戶進行電話聯繫，確定上門維修事宜。

(3)維修人員如上門維修的，應佩戴公司工號卡或出示有關證件後才能進入客戶場所，並儘量攜帶檢修過程中可能會使用到的工具和備品備件。

⑷維修服務收費的，應事先向客戶聲明並出示維修項目與維修費標準表、卡。維修完畢結算費用，較低費用可當場收取，將款交至財務後補寄發票；否則，應於當天憑「售後服務憑證」至財務處開具發票，以便另行前往收費。

⑸凡待修商品，不能按原定時間修妥者，維修技術員應即報請售後服務主管予以協助。

⑹凡維修人員在服務現場不能妥善處理，需將產品帶回修理的應開具相關收據交予客戶，並在公司進出商品簿上登記。修復後應向客戶索回收據，並請客戶在維修派工單上簽字。

⑺維修人員應盡職盡責，不得隨意碰觸客戶的東西，不得拿、吃、喝、要顧客物品，要愛護客戶家居或辦公環境，不損壞其他物品。

⑻在維修過程中，對客戶的物品要輕拿輕放，並將服務過程中產生的垃圾隨手帶走。

⑼每次維修完結後，維修員上交派工單，由主管考核其維修時間和品質，各種維修應在公司承諾的時限內完成。

⑽維修技術員應於每日將所從事修護工作的類別及所耗用的時間填入《技術員工作日報表》後送至售後服務部門。

⑾所有售後服務作業，市區採用×小時，郊區採用×小時派工制，即叫修時間至抵達服務時間不得超過上班時間內×小時或×小時。若維修人員確實事出有因，應提前告知其直接主管，否則，按曠工處理。

第七章 退換貨服務管理

第 35 條 公司根據《消費者權益保護法》相關法律、法規制定公司產品和商品退換貨的具體規定。

第 36 條 凡在本公司正常出售的商品，不汙、不損且不影響正常銷售的，消費者可無理由地憑購物發票或其他相關憑證予以退換（食品、藥品、化妝品、貼身用品、黃金珠寶、感光器材、煙、酒、口吹樂器、電池等商品不在退換之列）。

第 37 條 凡能證明是本公司出售的三包產品，售出 7 日內按正常商品退換；7 日後如需退換，需出示相關部門的商品品質檢驗報告。

第 38 條 在辦理退換貨事項時，在商品價格的確認上，應注意以下 3 點。

⑴在購買時，若有降價折扣，按價格折扣退換。

⑵對於季節性商品，若客戶沒有及時退換，應按現價退換。

⑶因本公司責任而導致商品的損壞，按原價退換。

第 39 條 因消費者使用、洗滌、保養不當而導致出現問題的商品，則不予退換；但店鋪工作人員可以幫助顧客修理或積極、誠懇地與消費者協商，尋求妥善的解決辦法。

第 40 條 公司的倉庫、運輸、財務、生產製造部門要支援和配合售後服務部門的產品退換貨工作。

第 41 條 凡在商品退換貨過程中推諉顧客、激化矛盾、影響店鋪聲譽者，且無正當理由的售後服務人員，商場要追究當事者責任，並按商場有關規定予以處罰。

第 42 條 查清退貨和換貨的原因，追究造成該原因的部門和個人的責任，並作為其業績考核的依據之一。

第八章　客戶投訴管理

第 43 條　因產品或服務品質而引起客戶向本公司、新聞媒體等相關部門進行書面或口頭申訴時，應按以下方式處理。

(1)公司所有人員一旦發現上述投訴或投訴趨勢，應立即報告售後服務部。

(2)售後服務部負責組織有關人員進行處理，確保用戶滿意且處理結果予以記錄、存檔保存。

(3)售後服務部查清用戶投訴的原因，並納入對相關責任人的考核體系中。

第九章　客戶意見調查管理

第 44 條　公司通過公示的服務電話、信箱或其他方式，接受客戶和消費者的服務諮詢、商品使用意見回饋、投訴等事務。

第 45 條　對每一次來電、來信、來訪，售後服務人員均應熱情禮貌地給予接待並詳細記錄相關信息，按規定和分工轉送有關單位和人員處理，緊急事件應及時上報給售後服務部主管。

第十章　備件支持

第 46 條　公司設立專門的售後服務需要的備品備件倉庫。

第 47 條　備品備件管理　本著適時、適量、適質的原則進行。根據售後服務的類別將所有備品備件分類進行有效管理，合理進行採購、庫存計劃與控制。

第 48 條　維修技術員可配置專門的檢測、維修設備工具，在登記後由個人保管、使用。該設備工具不得用於私用目的，丟失或損

壞後應予以賠償（正常損耗除外），調離本崗時應移交。貴重工具正常損耗、毀損的，應提出報告並說明原因。

第 49 條　對備品備件倉庫定期進行庫存核查和零備件補充，保障用戶在設備出現故障時能在最短的時間內給予修復。

第十一章　服務監督管理

第 50 條　服務監督管理機制是保證整個售後服務體系長期良好運行的重要手段，也是售後服務體系的一個重要環節。通過對用戶服務請求、故障事件處理、人員服務品質的切實監督，保障公司承諾服務的實現。

第 51 條　採取方式可以是電話回訪、客戶投訴電話、定期走訪等。

企業的核心競爭力，就在這里！

圖 書 出 版 目 錄

憲業企管顧問（集團）公司為企業界提供診斷、輔導、培訓等專項工作。下列圖書是由臺灣的憲業企管顧問（集團）公司所出版，自 1993 年秉持專業立場，特別注重實務應用，50 餘位顧問師為企業界提供最專業的經營管理類圖書。

選購企管書，敬請認明品牌：憲 業 企 管 公 司。

1. 傳播書香社會，直接向本出版社購買，一律 9 折優惠，郵遞費用由本公司負擔。服務電話(02) 27622241 (03)9310960 傳真 (03)9310961

2. 付款方式：請將書款轉帳到我公司下列的銀行帳戶。

   ・銀行名稱：合作金庫銀行（敦南分行） 帳號：5034-717-347447
   公司名稱：憲業企管顧問有限公司

   ・郵局劃撥號碼：18410591 郵局劃撥戶名：憲業企管顧問公司

3. 圖書出版資料每週隨時更新，請見網站 www.bookstore99.com

------經營顧問叢書------

25	王永慶的經營管理	360 元
52	堅持一定成功	360 元
56	對準目標	360 元
60	寶潔品牌操作手冊	360 元
78	財務經理手冊	360 元
79	財務診斷技巧	360 元
91	汽車販賣技巧大公開	360 元
97	企業收款管理	360 元
100	幹部決定執行力	360 元
122	熱愛工作	360 元
129	邁克爾・波特的戰略智慧	360 元
130	如何制定企業經營戰略	360 元
135	成敗關鍵的談判技巧	360 元
137	生產部門、行銷部門績效考核手冊	360 元
139	行銷機能診斷	360 元
140	企業如何節流	360 元
141	責任	360 元
142	企業接棒人	360 元
144	企業的外包操作管理	360 元
146	主管階層績效考核手冊	360 元
147	六步打造績效考核體系	360 元
148	六步打造培訓體系	360 元
149	展覽會行銷技巧	360 元
150	企業流程管理技巧	360 元

152	向西點軍校學管理	360 元
154	領導你的成功團隊	360 元
163	只為成功找方法，不為失敗找藉口	360 元
167	網路商店管理手冊	360 元
168	生氣不如爭氣	360 元
170	模仿就能成功	350 元
176	每天進步一點點	350 元
181	速度是贏利關鍵	360 元
183	如何識別人才	360 元
184	找方法解決問題	360 元
185	不景氣時期，如何降低成本	360 元
186	營業管理疑難雜症與對策	360 元
187	廠商掌握零售賣場的竅門	360 元
188	推銷之神傳世技巧	360 元
189	企業經營案例解析	360 元
191	豐田汽車管理模式	360 元
192	企業執行力（技巧篇）	360 元
193	領導魅力	360 元
198	銷售說服技巧	360 元
199	促銷工具疑難雜症與對策	360 元
200	如何推動目標管理（第三版）	390 元
201	網路行銷技巧	360 元
204	客戶服務部工作流程	360 元
206	如何鞏固客戶（增訂二版）	360 元
208	經濟大崩潰	360 元
215	行銷計劃書的撰寫與執行	360 元
216	內部控制實務與案例	360 元
217	透視財務分析內幕	360 元
219	總經理如何管理公司	360 元
222	確保新產品銷售成功	360 元
223	品牌成功關鍵步驟	360 元
224	客戶服務部門績效量化指標	360 元
226	商業網站成功密碼	360 元
228	經營分析	360 元
229	產品經理手冊	360 元
230	診斷改善你的企業	360 元
232	電子郵件成功技巧	360 元
234	銷售通路管理實務〈增訂二版〉	360 元

235	求職面試一定成功	360 元
236	客戶管理操作實務〈增訂二版〉	360 元
237	總經理如何領導成功團隊	360 元
238	總經理如何熟悉財務控制	360 元
239	總經理如何靈活調動資金	360 元
240	有趣的生活經濟學	360 元
241	業務員經營轄區市場（增訂二版）	360 元
242	搜索引擎行銷	360 元
243	如何推動利潤中心制度（增訂二版）	360 元
244	經營智慧	360 元
245	企業危機應對實戰技巧	360 元
246	行銷總監工作指引	360 元
247	行銷總監實戰案例	360 元
248	企業戰略執行手冊	360 元
249	大客戶搖錢樹	360 元
252	營業管理實務（增訂二版）	360 元
253	銷售部門績效考核量化指標	360 元
254	員工招聘操作手冊	360 元
256	有效溝通技巧	360 元
258	如何處理員工離職問題	360 元
259	提高工作效率	360 元
261	員工招聘性向測試方法	360 元
262	解決問題	360 元
263	微利時代制勝法寶	360 元
264	如何拿到 VC（風險投資）的錢	360 元
267	促銷管理實務〈增訂五版〉	360 元
268	顧客情報管理技巧	360 元
269	如何改善企業組織績效〈增訂二版〉	360 元
270	低調才是大智慧	360 元
272	主管必備的授權技巧	360 元
275	主管如何激勵部屬	360 元
276	輕鬆擁有幽默口才	360 元
278	面試主考官工作實務	360 元
279	總經理重點工作（增訂二版）	360 元
282	如何提高市場佔有率（增訂二版）	360 元

284	時間管理手冊	360 元
285	人事經理操作手冊（增訂二版）	360 元
286	贏得競爭優勢的模仿戰略	360 元
287	電話推銷培訓教材（增訂三版）	360 元
288	贏在細節管理（增訂二版）	360 元
289	企業識別系統 CIS（增訂二版）	360 元
290	部門主管手冊（增訂五版）	360 元
291	財務查帳技巧（增訂二版）	360 元
293	業務員疑難雜症與對策（增訂二版）	360 元
295	哈佛領導力課程	360 元
296	如何診斷企業財務狀況	360 元
297	營業部轄區管理規範工具書	360 元
298	售後服務手冊	360 元
299	業績倍增的銷售技巧	400 元
300	行政部流程規範化管理（增訂二版）	400 元
302	行銷部流程規範化管理（增訂二版）	400 元
304	生產部流程規範化管理（增訂二版）	400 元
305	績效考核手冊(增訂二版)	400 元
307	招聘作業規範手冊	420 元
308	喬·吉拉德銷售智慧	400 元
309	商品鋪貨規範工具書	400 元
310	企業併購案例精華(增訂二版)	420 元
311	客戶抱怨手冊	400 元
314	客戶拒絕就是銷售成功的開始	400 元
315	如何選人、育人、用人、留人、辭人	400 元
316	危機管理案例精華	400 元
317	節約的都是利潤	400 元
318	企業盈利模式	400 元
319	應收帳款的管理與催收	420 元
320	總經理手冊	420 元
321	新產品銷售一定成功	420 元

322	銷售獎勵辦法	420 元
323	財務主管工作手冊	420 元
324	降低人力成本	420 元
325	企業如何制度化	420 元
326	終端零售店管理手冊	420 元
327	客戶管理應用技巧	420 元
328	如何撰寫商業計畫書（增訂二版）	420 元
329	利潤中心制度運作技巧	420 元
330	企業要注重現金流	420 元
331	經銷商管理實務	450 元
332	內部控制規範手冊（增訂二版）	420 元
333	人力資源部流程規範化管理（增訂五版）	420 元
334	各部門年度計劃工作（增訂三版）	420 元
335	人力資源部官司案件大公開	420 元
336	高效率的會議技巧	420 元
337	企業經營計劃〈增訂三版〉	420 元
338	商業簡報技巧（增訂二版）	420 元
339	企業診斷實務	450 元
340	總務部門重點工作（增訂四版）	450 元
341	從招聘到離職	450 元
342	職位說明書撰寫實務	450 元
343	財務部流程規範化管理（增訂三版）	450 元

《商店叢書》

18	店員推銷技巧	360 元
30	特許連鎖業經營技巧	360 元
35	商店標準操作流程	360 元
36	商店導購口才專業培訓	360 元
37	速食店操作手冊〈增訂二版〉	360 元
38	網路商店創業手冊〈增訂二版〉	360 元
40	商店診斷實務	360 元
41	店鋪商品管理手冊	360 元
42	店員操作手冊（增訂三版）	360 元
44	店長如何提升業績〈增訂二版〉	360 元

45	向肯德基學習連鎖經營〈增訂二版〉	360 元
47	賣場如何經營會員制俱樂部	360 元
48	賣場銷量神奇交叉分析	360 元
49	商場促銷法寶	360 元
53	餐飲業工作規範	360 元
54	有效的店員銷售技巧	360 元
56	開一家穩賺不賠的網路商店	360 元
58	商鋪業績提升技巧	360 元
59	店員工作規範（增訂二版）	400 元
61	架設強大的連鎖總部	400 元
62	餐飲業經營技巧	400 元
64	賣場管理督導手冊	420 元
65	連鎖店督導師手冊（增訂二版）	420 元
67	店長數據化管理技巧	420 元
69	連鎖業商品開發與物流配送	420 元
70	連鎖業加盟招商與培訓作法	420 元
71	金牌店員內部培訓手冊	420 元
72	如何撰寫連鎖業營運手冊〈增訂三版〉	420 元
73	店長操作手冊（增訂七版）	420 元
74	連鎖企業如何取得投資公司注入資金	420 元
75	特許連鎖業加盟合約（增訂二版）	420 元
76	實體商店如何提昇業績	420 元
77	連鎖店操作手冊（增訂六版）	420 元
78	快速架設連鎖加盟帝國	450 元
79	連鎖業開店複製流程（增訂二版）	450 元
80	開店創業手冊〈增訂五版〉	450 元
81	餐飲業如何提昇業績	450 元

《工廠叢書》

15	工廠設備維護手冊	380 元
16	品管圈活動指南	380 元
17	品管圈推動實務	380 元
20	如何推動提案制度	380 元
24	六西格瑪管理手冊	380 元
30	生產績效診斷與評估	380 元
32	如何藉助 IE 提升業績	380 元

46	降低生產成本	380 元
47	物流配送績效管理	380 元
51	透視流程改善技巧	380 元
55	企業標準化的創建與推動	380 元
56	精細化生產管理	380 元
57	品質管制手法〈增訂二版〉	380 元
58	如何改善生產績效〈增訂二版〉	380 元
68	打造一流的生產作業廠區	380 元
70	如何控制不良品〈增訂二版〉	380 元
71	全面消除生產浪費	380 元
72	現場工程改善應用手冊	380 元
77	確保新產品開發成功（增訂四版）	380 元
79	6S 管理運作技巧	380 元
84	供應商管理手冊	380 元
85	採購管理工作細則〈增訂二版〉	380 元
88	豐田現場管理技巧	380 元
89	生產現場管理實戰案例〈增訂三版〉	380 元
92	生產主管操作手冊(增訂五版)	420 元
93	機器設備維護管理工具書	420 元
94	如何解決工廠問題	420 元
96	生產訂單運作方式與變更管理	420 元
97	商品管理流程控制(增訂四版)	420 元
102	生產主管工作技巧	420 元
103	工廠管理標準作業流程〈增訂三版〉	420 元
105	生產計劃的規劃與執行(增訂二版)	420 元
107	如何推動 5S 管理（增訂六版）	420 元
108	物料管理控制實務〈增訂三版〉	420 元
111	品管部操作規範	420 元
113	企業如何實施目視管理	420 元
114	如何診斷企業生產狀況	420 元
115	採購談判與議價技巧〈增訂四版〉	450 元
116	如何管理倉庫〈增訂十版〉	450 元

117	部門績效考核的量化管理（增訂八版）	450 元
118	採購管理實務〈增訂九版〉	450 元
119	售後服務規範工具書	450 元

《培訓叢書》

12	培訓師的演講技巧	360 元
15	戶外培訓活動實施技巧	360 元
21	培訓部門經理操作手冊（增訂三版）	360 元
23	培訓部門流程規範化管理	360 元
24	領導技巧培訓遊戲	360 元
26	提升服務品質培訓遊戲	360 元
27	執行能力培訓遊戲	360 元
28	企業如何培訓內部講師	360 元
31	激勵員工培訓遊戲	420 元
32	企業培訓活動的破冰遊戲（增訂二版）	420 元
33	解決問題能力培訓遊戲	420 元
34	情商管理培訓遊戲	420 元
36	銷售部門培訓遊戲綜合本	420 元
37	溝通能力培訓遊戲	420 元
38	如何建立內部培訓體系	420 元
39	團隊合作培訓遊戲(增訂四版)	420 元
40	培訓師手冊（增訂六版）	420 元
41	企業培訓遊戲大全(增訂五版)	450 元

《傳銷叢書》

4	傳銷致富	360 元
5	傳銷培訓課程	360 元
10	頂尖傳銷術	360 元
12	現在輪到你成功	350 元
13	鑽石傳銷商培訓手冊	350 元
14	傳銷皇帝的激勵技巧	360 元
15	傳銷皇帝的溝通技巧	360 元
19	傳銷分享會運作範例	360 元
20	傳銷成功技巧（增訂五版）	400 元
21	傳銷領袖（增訂二版）	400 元

22	傳銷話術	400 元
24	如何傳銷邀約（增訂二版）	450 元

為方便讀者選購，本公司將一部分上述圖書又加以專門分類如下：

《主管叢書》

1	部門主管手冊（增訂五版）	360 元
2	總經理手冊	420 元
4	生產主管操作手冊（增訂五版）	420 元
5	店長操作手冊（增訂七版）	420 元
6	財務經理手冊	360 元
7	人事經理操作手冊	360 元
8	行銷總監工作指引	360 元
9	行銷總監實戰案例	360 元

《總經理叢書》

1	總經理如何管理公司	360 元
2	總經理如何領導成功團隊	360 元
3	總經理如何熟悉財務控制	360 元
4	總經理如何靈活調動資金	360 元
5	總經理手冊	420 元

《人事管理叢書》

1	人事經理操作手冊	360 元
2	從招聘到離職	450 元
3	員工招聘性向測試方法	360 元
5	總務部門重點工作（增訂四版）	450 元
6	如何識別人才	360 元
7	如何處理員工離職問題	360 元
8	人力資源部流程規範化管理（增訂五版）	420 元
9	面試主考官工作實務	360 元
10	主管如何激勵部屬	360 元
11	主管必備的授權技巧	360 元
12	部門主管手冊（增訂五版）	360 元

在海外出差的⋯⋯⋯
台灣上班族

　　愈來愈多的台灣上班族，到大陸工作（或出差），
對工作的努力與敬業，是台灣上班族的核心競爭力；一個
明顯的例子，返台休假期間，台灣上班族都會抽空再買
書，設法充實自身專業能力。

　　[**憲業企管顧問公司**]以專業立場，為企業界提供最專
業的各種經營管理類圖書。

　　85%的台灣上班族都曾經有過購買（或閱讀）[**憲業企
管顧問公司**]所出版的各種企管圖書。

　　尤其是在競爭激烈或經濟不景氣時，更要加強投資在
自己的專業能力，建議你：

　　工作之餘要多看書，加強競爭力。

台灣最大的企管圖書網站
www.bookstore99.com

建立企業圖書館

當市場競爭激烈時：

培訓員工，強化員工競爭力
是企業最佳對策

「人才」是企業最大的財富。如何提升人才，是企業永續經營、戰勝對手的核心競爭力。積極培訓公司內部員工，是經濟不景氣時期的最佳戰略，而最快速的具體作法，就是「建立企業內部圖書館，鼓勵員工多閱讀、多進修專業書籍」

建議您：請一次購足本公司所出版各種經營管理類圖書，作為貴公司內部員工培訓圖書。使用率高的（例如「贏在細節管理」），準備 3 本；使用率低的（例如「工廠設備維護手冊」），只買 1 本。

給總經理的話

　　總經理公事繁忙，還要設法擠出時間，赴外上課進修學習，努力不懈，力爭上游。

　　總經理拚命充電，但是員工呢？

　　公司的執行仍然要靠員工，為什麼不要讓員工一起進修學習呢？

　　買幾本好書，交待員工一起讀書，或是買好書送給員工當禮品。簡單、立刻可行，多好的事！

工廠叢書 ⑲ 　　　　　　　　售價：450 元

售後服務規範工具書

西元二〇二二年五月　　　　　　初版一刷

編著：任賢旺　黃憲仁　韋光正

策劃：麥可國際出版有限公司（新加坡）

編輯：蕭玲

校對：劉飛娟

發行所：憲業企管顧問有限公司

電話：(02) 2762-2241　（03）9310960　0930872873

電子郵件聯絡信箱：huang2838@yahoo.com.tw

銀行 ATM 轉帳：合作金庫銀行　　帳號：5034-717-347447

郵政劃撥：18410591　　憲業企管顧問有限公司

江祖平律師顧問：紙品書、數位書著作權與版權均歸本公司所有

登記證：行政業新聞局版台業字第 6380 號

本公司徵求海外版權出版代理商 （0930872873）

本圖書是由憲業企管顧問（集團）公司所出版，以專業立場，為企業界提供最專業的各種經營管理類圖書。

圖書編號 ISBN：978-986-369-108-2